基于外部性量化的中国采暖区居住建筑节能改造费用分摊研究

刘晓君　赵　琰　赵延军　陈砚祥　等著

国家软科学研究计划项目（编号：2011GXQ4D080）
高等学校博士学科点专项科研基金项目（编号：20116120110010）
资助

科学出版社
北　京

内 容 简 介

采暖区居住建筑节能改造具有参与主体多元、社会效益和环境效益等外部效果显著的特点，同时也导致了此类项目决策难、统一意见难和融资难的问题。因而，对项目产生的外部效益进行量化以提高项目的综合效益是解决问题的关键。在国家软科学研究计划项目“我国采暖区既有建筑节能改造管理模式研究”（2011GxQ4D080）和高等学校博士学科点专项科研基金项目“基于外部性量化的我国采暖区居住建筑节能改造费用分摊研究”（20116120110010）的支持下，西安建筑科技大学研究团队在此方向进行了系统的研究。本书系统介绍了“基于外部性量化的我国采暖区居住建筑节能改造费用分摊研究”的成果。内容包括居住建筑节能改造全寿命周期成本费用模型和效益模型、居住建筑节能改造外部性量化模型及改造费用分摊体系和分摊机制等。

本书可作为高等院校科研人员和建筑节能领域相关技术人员参考用书，可作为工程经济与管理等相关专业研究生的参考用书，也可作为政府相关职能部门的参考用书。

图书在版编目（CIP）数据

基于外部性量化的中国采暖区居住建筑节能改造费用分摊研究 / 刘晓君等著．—北京：科学出版社，2016

ISBN 978-7-03-047766-8

Ⅰ．基…　Ⅱ．①刘…　Ⅲ．①居住建筑－采暖－节能－技术改造－工程费－研究－中国　Ⅳ．①TU723.3

中国版本图书馆 CIP 数据核字（2016）第 053074 号

责任编辑：徐　倩 / 责任校对：张海燕
责任印制：徐晓晨 / 封面设计：无极书装

科学出版社 出版

北京东黄城根北街 16 号
邮政编码：100717
http://www.sciencep.com

北京京华虎彩印刷有限公司 印刷

科学出版社发行　各地新华书店经销

*

2016 年 3 月第　一　版　开本：720×1000　B5
2016 年 3 月第一次印刷　印张：10 1/4
字数：207 000

定价：62.00 元

（如有印装质量问题，我社负责调换）

前　言

我国采暖区居住建筑节能改造具有合作主体多元、外部效果显著的特点，这使得投资主体财务收益降低，造成了项目融资难的突出问题。因此，如何根据建筑节能改造后全社会相关主体获得的增量收益来合理分摊节能改造费用，就成为建筑节能改造顺利推行的关键。

在国家软科学研究计划项目“我国采暖区既有建筑节能改造管理模式研究”（2011GxQ4D080）和高等学校博士学科点专项科研基金项目“基于外部性量化的我国采暖区居住建筑节能改造费用分摊研究”（20116120110010）的支持下，西安建筑科技大学研究团队在此方向进行了系统的研究。针对外部性显著的居住建筑节能改造费用合理分摊难题，应用外部性理论、全寿命周期费用理论、合作对策理论等，量化节能改造项目的直接效益和外部效益，提出基于全寿命周期的改造项目费用计算方法；建立改造利益相关主体基于合作对策的费用分摊模型和机制，为项目融资困难提供较有效的解决途径；通过案例进行实证研究，验证了模型的合理性。以上研究工作为建立集“改造方案选择—改造费用估算—业主收益计算—间接效果度量—分摊比例确定—多渠道筹集资金”于一体的采暖区居住建筑节能改造费用分摊的完整体系建立了核心基础。

研究成果的主要内容如下。

（1）建立了居住建筑节能改造全寿命周期成本费用模型和效益模型。在分析居住建筑节能改造具体内容的基础上，建立全新的节能改造寿命周期费用分析体系，构建居住建筑节能改造全寿命周期费用估算模型，强调指出节能改造待摊费用应是其全寿命周期中的增量费用，并建立了居住建筑节能改造效益分析体系。

（2）建立了居住建筑节能改造外部性量化模型及改造费用分摊体系。在建立居住建筑节能改造效益分析体系的基础上，利用生产能力变动法、投入产出法等具体方法对节能改造外部性进行量化分析，构建居住建筑节能改造外部性量化模型，提出居住建筑节能改造费用分摊分析的整套框架体系，在充分考虑外部性与参与各方地位的基础上构建居住建筑节能改造多方主体合作博弈模式下的费用分摊模型。

（3）构建居住建筑节能改造费用分摊机制。通过拓展节能改造费用来源，设计“效益共享、费用共担”的费用分摊机制，确定节能改造投融资主体与其他参与主体之间的费用支付关系。

（4）提出解决居住建筑节能改造领域市场失灵问题的对策。为促进改造受益各方参与合作，降低协调成本，改善节能改造专业管理企业的运行环境，针对当前相关节能政策缺失的现状，运用规制理论研究建筑节能改造行政管理，提出建筑节能行政主管部门的管理对策建议：科学计算居住建筑节能改造的经济效果、社会效果和环境效果；加快推进热网平衡改造和基于温度调控的热计量改造；制定优选居住建筑节能改造项目的管理办法；建立综合协调节能改造各部门职能的有效机制；进行居住建筑节能改造专业管理企业资质认定并监督实施；制定特许改造范围划分规则并监督实施；作为居住建筑节能改造所有业主的代理人申请碳交易项目。

在本书的编撰过程中，西安建筑科技大学管理学院博士研究生郭振宇和硕士研究生胡伟、王斌、张宇飞等同学做了大量文字整理和校对工作，特此表示衷心感谢！

作者

2015年10月20日

目　录

第 1 章

导　　论

1.1 建筑节能发展现状

1.1.1 国际建筑节能发展现状

建筑节能理念的提出，是与整个人类社会对单纯依靠增加投入、加大消耗实现发展的模式和以牺牲环境来增加产出的错误做法进行反思密不可分的[1]。

人类在工业文明的进程中，技术与经济得到了迅猛发展，但同时带来了严峻的环境问题，逐渐引起世界各国的高度重视。1972 年 6 月 5 日至 16 日，联合国人类环境会议在斯德哥尔摩举行，通过了《联合国人类环境宣言》（Declaration of United Nations Conference on Human Environment），旨在鼓励和指导世界各国人民保护和改善人类环境[2]。这是人类历史上第一个保护环境的全球性宣言，对激励和引导全世界人民保护环境起到了积极作用，具有重大历史意义[3]。由此，建筑节能理念逐步形成。

实质性的建筑节能活动产生于 20 世纪 70 年代的石油危机之后。20 世纪 70 年代，全世界范围内爆发了第一次能源危机，其实质上是石油危机，它使此前 20 年依靠廉价石油致富的西方发达国家受到极大冲击，严重地影响了这些国家的政治、经济和人民生活[4]。此前，各发达国家并不重视节能工作，经济和社会发展建立在高能耗基础上，建筑能耗所占比例也随人民生活水平提高而逐步增长；危机之后，各国高度重视建筑节能工作，控制新建建筑能耗水平和加大既有建筑节能改造，虽然大多数国家建筑面积总量逐年增加，房屋舒适度也逐步提高，但建筑总能耗呈下降趋势[5]。

建筑节能理念的发展过程，受到人类对人与环境关系重新认识的指导和影响。1992 年 6 月在巴西里约热内卢召开了联合国环境与发展大会，形成了若干重要的以保护环境为目的的方针性公约，其中包括《联合国气候变化框架公约》（UN Framework on Climate Change）、《生物多样性公约》（Convention on Biological Diversity）以及《二十一世纪议程》（Agenda 21）等。在《二十一世纪议程》中，第一次正式提出了可持续发展的思想，这是一份为实现人类社会可持续发展而制定的行动纲领[4]，同时也为建筑节能的理论和实践提供了丰富的哲学思想。

为了使人类免受气候变暖的威胁，1997 年 12 月，在日本京都召开了《联合国气候变化框架公约》缔约方第三次会议，通过了旨在限制发达国家温室气体排放量以抑制全球变暖的《京都议定书》（Kyoto Protocol）；其后经过近 8 年争执，先后有 120 多个国家确认履行公约，议定书在 2005 年 2 月 26 日正式生效[6]。之后，历经哥本哈根会议、坎昆会议和德班会议，《京都议定书》及其减排目标艰难前行着。《京都议定书》是全球应对气候变化的基础性制度安排，在人类历史上首次以法律形式规定了发达国家和经济转型国家的温室气体量化减排目标[7]。对于世界各国来讲，无论是法律层面的约束，还是气候层面的严峻压力，减排都是至关重要和刻不容缓的。面对人类日趋恶化的生存环境，减排问题成为国际焦点。

总体来看，国际上对节约能源及建筑节能的认识和实践大致可以分为三个阶段。

第一阶段，20 世纪 70 年代至 80 年代末，节能缘于“安全推动”，主要通过减少能源使用和保持能源稳定等手段确保各国经济、社会的有序发展，世界各国政府普遍把建筑节能作为国家的基本政策[8~11]。在这一阶段，建筑节能的目标确定为节约和限制用能，抑制建筑能耗的增长，即建筑能源节省（building energy saving），与此相关的一系列措施帮助发达国家度过了能源危机[1]。但是，很多措施以牺牲室内环境质量和降低舒适性为代价，因此带来了相关健康问题。之后，“建筑能量守恒”（building energy conservation）的概念被提出，亦称建筑能源保护或建筑节能，即在总能耗基本不变的情况下，满足人们对健康和舒适的要求[1]。

第二阶段，20世纪90年代，节能缘于“环保推动”，主要通过提高能源效率和减排二氧化碳等手段保障全球经济、社会的健康发展[8~11]。在该阶段，“建筑能源效率”（building energy efficiency）的概念被提出，要求用最小代价和最小消耗来满足人们的合理要求，提高建筑能源利用效率。因为仅有“能量守恒”是不够的，更要在不降低服务质量及不抑制合理需求情况下，提高能源利用效率[1]。

第三阶段，从21世纪初至今，节能缘于“可持续发展推动”，表现为基于循环经济理论大量使用可再生能源，充分利用建筑的功能保持热能并且减少能耗，尽可能地利用自然条件营造室内环境，进而推动全球经济、社会的可持续发展[8~11]。在这一阶段，可持续建筑（sustainable building）、绿色建筑（green building）和生态建筑（ecological building）被提出，注重以人为本和可持续发展，力求建筑、人与自然的和谐共存[1]。

目前提到的建筑节能，在不同范畴包括了建筑能源节省、建筑能量守恒、建筑能源效率，进一步可提出建筑能源生态。可见，从能源危机与能源安全引发能源节省活动，到科技进步支撑能源效率活动，再到可持续性思考带来的建筑能源生态活动，反映了人类建筑节能的轨迹从征服自然回归到和谐自然的本质。

1.1.2　中国建筑节能发展现状

中国建筑节能的起源与20世纪70年代国家能源持续紧张的形势密切相关。在40多年的历程中，从开始认识建筑节能到建筑节能全面展开，大致可以分为四个阶段。

第一阶段是指20世纪70年代至1985年的初步探索阶段。在这一阶段，主要表现为建筑节能的理论研究与相关科研成果，大量了解国外建筑节能情况，学习借鉴发达国家的先进经验，结合国内实际进行研究，内容涉及建筑设计节能、使用节能，发展节能建材产品，建立完善管理体制，以及提高锅炉效率，利用余热、太阳能等。

从20世纪70年代末开始，我国对燃料、动力、热力等分别制定了一系列指令和规定，以缓解能源供应的紧张局面[12]。20世纪80年代初，在国家经济贸易委员会（简称国家经委）、国家计划委员会（现国家发展和改革委员会，简称国家发改委）的支持下，国家建设委员会组织开展了民用建筑能耗调查和建筑节能技术及标准研究[12]。在建筑能耗数据方面，国家建设委员会建筑工程总局设计局对建筑的建造能耗和日常使用能耗曾暂定过计算数据，其中，日常使用能耗是在北京、东北地区实测数据的基础上（包括采暖、烹饪、照明）进行推算的[13]。

第二阶段是指1986年至2000年的起步阶段。首先，国务院在1986年1月颁布的《节约能源管理暂行条例》要求建筑设计采取综合措施减少能耗，以及新建采暖住宅和公共建筑应当统一规划，采用集中供热等，这是我国建筑节能的早期实践。1986年3月，建设部颁布了《民用建筑节能设计标准（采暖居住建筑部分）》(JGJ26—86)，要求以当地1980～1981年通用设计采暖能耗水平作为对比标准[14]，实现节能30%的目标。这是我国第一部建筑节能设计标准[15]，也是我国建筑节能发展的里程碑，后来几经修订，对我国建筑节能事业的开展具有重要意义。在此阶段，建设部在全国多个地区进行建筑节能的试点工程和试点小区建设，积累了宝贵的试点经验。

1995年5月，建设部制订的《建筑节能“九五”计划和2010年规划》提出：1996年以前新建采暖居住建筑在1980～1981年当地通用设计能耗水平基础上普遍降低30%，为第一阶段；1996年起在达到第一阶段要求的基础上节能30%，为第二阶段；2005年起在达到第二阶段要求的基础上再节能30%，为第三阶段[16]。因此，1995年国家对1986年的节能设计标准进行了修订，形成新标准JGJ26—95，要求节能50%。

1998年实施的《中华人民共和国节约能源法》（简称《节约能源法》）使节能工作包括建筑节能工作有法可依，1999年制定、2000年施行的《民用建筑节能管理规定》第一次建立了建筑节能的部门规章。同时，这一阶段中国与瑞典、英国、丹麦、德国、芬兰、法国和美国等国家广泛开展建筑节能的国际合作。

第三阶段是指2001年至2007年的推广与深入发展阶段。2001年夏热冬冷地区居住建筑节能设计标准（JGJ134—2001）颁布实施，2003年夏热冬暖地区的居住建筑节能设计标准（JGJ75—2003）颁布实施，这标志着中国建筑节能工作开始逐步展开。

2005年通过、2006年施行的新《民用建筑节能管理规定》针对建筑节能领域中出现的新问题，采取了很多务实措施，如将适用地区扩大到所有气候区等，为后来《民用建筑节能条例》的起草奠定了坚实的基础。2006年，《中华人民共和国可再生能源法》（简称《可再生能源法》）颁布执行，明确提出鼓励发展太阳能光热、供热、制冷与光伏系统，并规定国务院建设主管部门会同国务院有关部门制定技术经济政策和技术规范[17]，为建筑节能的进一步发展奠定法律基础。

在此阶段，国家制定了《外墙外保温工程技术规程》（JGJ144—2004）、《建筑节能工程施工质量验收规范》（GB50411—2007）、《民用建筑能耗数据采集标准》（JGJ/T154—2007）等一系列建筑节能标准和规范，建设项目在设计阶段和施工阶段执行节能设计标准的比例不断提高，部分省市提前实施节能65%的设计标准，我国节约能源与建筑节能工作走向深入发展。

第四阶段是指2008年至今的全面推进阶段。2008年4月，《节约能源法》经修订颁布执行，确定节约能源是我国的基本国策，将节能工作纳入国民经济和社会发展规划、年度计划，实行节能目标责任制和节能考核评价制，将节能目标完成情况作为对地方人民政府及其负责人考核评价的内容，并专门设置第三章第三节七条内容，明确规定建筑节能工作的监督管理和主要内容[18]，成为建筑节能的上位法。同年10月，《民用建筑节能条例》颁布实行，成为指导建筑节能工作的专门法规。至此，我国已逐步形成了以《节约能源法》与《可再生能源法》为上位法、《民用建筑节能条例》为主体、《公共机构节能条例》等为扩展、地方法律法规为配套的建筑节能法律法规体系[17]。

2010年我国实施《严寒和寒冷地区居住建筑节能设计标准》(JGJ26—2010)，替代原《民用建筑节能设计标准（采暖居住建筑部分）》（JGJ26—1995），执行第三阶段居住建筑节能设计标准，即在第二阶段节能的基础上再节约30%，节能65%标准[19]。同时，在此阶段制定了建筑节能的一系列设计规范与技术标准，并在绿色建筑推广、建筑节能信息推广、公共建筑节能、建设节约型校园、可再生能源建筑应用、建筑节能服务产业等方面出台了大量规范、标准与指南，形成日趋完善的建筑节能法规体系与运作系统，我国建筑节能工作步入全面推进时期。

总体来看，我国建筑节能的发展历程艰辛，从早期的探索到现在的全面展开，虽然仍存在认识有待提高、政策还不完善及节能标准较低等诸多问题，但经过多年的发展，我国建筑节能取得了实实在在的成果。从非节能建筑到目前65%节能标准建筑（部分地区已实现75%节能标准），需要在建筑节能技术、成本、管理等诸多方面进行创新和实践。带着发展中的问题，我国建筑节能水平逐步与国际接轨。

1.2 采暖区居住建筑节能改造现状

1.2.1 总体情况与紧迫性

1. 居住建筑节能改造的总体情况

“十一五”期间，我国北方采暖地区既有居住建筑供热计量及节能改造取得了明显进展。截至2010年年底，北方采暖地区15个省区市共完成改造面积1.82亿平方米，超额完成了国务院确定的1.5亿平方米改造任务；据测算，可形成年节约200万吨标准煤（简称标煤）的能力，减排二氧化碳520万吨，减排二氧化硫40万吨；改造后同步实行按用热量计量收费，平均节省采暖费用10%以上，室内热舒适度明显提高，并有效解决老旧房屋渗水、噪声等问题；部分地区将节能改造与保障性住房建设、旧城区综合整治等民生工程统筹进行，综合效益显著[17]。但是，既有居住建筑节能改造的特殊性和复杂性，使建筑节能领域中这一重要组成部分进展缓慢。

北方采暖区城镇采暖能耗约占所有建筑能耗的23%，是我国城镇建筑能耗比例最大的一类[20]。另外，北方采暖地区既有居住建筑面积、采暖面积和需要改造面积的总量巨大。从1996年到2008年，北方城镇建筑面积从不到30亿平方米增长到超过88亿平方米，采暖建筑占当地建筑总面积的比例已接近100%[20]。据不完全统计，北方采暖地区城镇既有居住建筑有大约35亿平方米需要和值得节能改造[21]。基于采暖区既有居住建筑能耗大、需要改造面积大，以及建筑能耗随居住生活水平提高而不断增大的趋势，既有住宅节能改造势在必行。

2. 居住建筑节能改造的紧迫性

1）北方城镇既有采暖居住建筑能耗高

从建筑热工设计的角度，主要针对防热设计和建筑保温问题的《民用建筑热工设计规范》（GB50176—93）将我国分为Ⅰ、Ⅱ、Ⅲ、Ⅳ、Ⅴ（严寒地区、寒冷地区、夏热冬冷地区、夏热冬暖地区、温和地区）5个不同的气候大区，11个不同的气候小区。通常所说的北方采暖地区，包括严寒、寒冷两个气候大区，即主要包括北京、天津、河北、山西、内蒙古、辽宁、吉林、黑龙江、山东、河南、陕西、甘肃、青海、宁夏、新疆15个省（自治区、直辖市）。

清华大学的研究成果显示，北方采暖区城镇采暖建筑面积约为64亿平方米，采暖能耗折合标煤约每年1.3亿吨，全国城镇建筑总能耗中将近40%是用于北方城镇采暖建筑采暖[22]；住房和城乡建设部前副部长仇保兴指出：“中国的既有建筑改造，南方地区和北方地区侧重点有所不同，最主要的是北方的建筑节能改造。”[23]北方地区集中供热的、需要采暖的建筑面积占全国建筑面积总量的15%左右，却用了全部建筑能耗的40%[23]。据2006年建设部组织的建筑节能专项检查汇总结果，北方采暖地区城镇建筑能耗为2.75亿吨标煤，占全国城镇建筑能耗的51%。据中国建筑科学研究院研究数据，北方城镇住宅能耗约为2.07亿吨标煤，占全国城镇住宅能耗的76%，其中65%是采暖能耗[24]。建筑总能耗占社会终端能耗的27.5%，即6.13亿吨标煤，各类建筑占建筑总能耗的比例见表1.1，各地区城镇建筑能耗见表1.2。可以看出，无论是绝对量还是相对量，北方城镇采暖节能潜力均为我国各类建筑能耗中最大的，应是我国目前建筑节能的重点[22]。而北方城镇采暖能耗中，又以居住建筑采暖能耗所占比重最大。

表 1.1　各类建筑占建筑总能耗的比例

建筑类别	城镇住宅			公共建筑	农村及工业建筑
耗煤量/亿吨标煤	2.72			1.2	2.21
比例/%	44			20	36
地区	北方城镇住宅	夏热冬冷地区住宅	夏热冬暖及温和地区住宅		
耗煤量/亿吨标煤	2.07	0.47	0.18		
比例/%	76	17	7		

资料来源：2006年建设部建筑节能专项检查上报的数据；胥小龙．北方采暖地区供热计量及节能改造政策介绍．住房与城乡建设部，2008年4月

表 1.2　各地区城镇建筑能耗

区域	建筑能耗总量/万吨标煤	占全国城镇建筑能耗比例/%	占社会总能耗比例/%
全国城镇	53 975		24.5
北方严寒寒冷地区	27 530	51.0	12.5
夏热冬冷地区	18 496	34.3	8.4

续表

区域	建筑能耗总量/万吨标煤	占全国城镇建筑能耗比例/%	占社会总能耗比例/%
夏热冬暖地区	7 124	13.2	3.23
温和地区	825	1.5	0.37

资料来源：2006年建设部建筑节能专项检查上报的数据；胥小龙．北方采暖地区供热计量及节能改造政策介绍．住房与城乡建设部，2008年4月

2）北方城镇既有采暖居住建筑舒适性差、节能潜力大

我国北方地区建筑单位面积采暖能耗达到气候条件相近的发达国家的2～3倍，但热舒适度较差，我国北方几个代表城市既有建筑平均能耗状况如表1.3所示[25]。即使按照第二阶段节能50%的标准，平均采暖能耗也达到12.5千克标煤/平方米，而欧洲国家平均采暖能耗基本都能达到8.75千克标煤/平方米的标准，约为我国平均采暖能耗的70%。例如，中国北京市在执行1995年第二阶段节能标准后，建筑能耗虽大幅降低，但仍比瑞典、丹麦、芬兰等国高出近一倍，如表1.4所示。以多层住宅为例，中国外墙的单位面积能耗是上述国家的4～5倍，外窗是其1.5～2.2倍，门窗空气渗透率是其3～6倍，屋顶是其2.5～5.5倍[26]。中国建筑外墙热损失是加拿大和其他北半球国家同类建筑的3～5倍，窗的热损失在2倍以上。建筑能耗的增加导致了严重的大气污染，尤其是北方地区冬季燃煤采暖排放的CO_2、SO_2、NO_x和粉尘等污染物，造成该地区城市空气质量严重下降，危及居民健康。有研究表明，建筑用能对全国温室气体排放的贡献率在25%左右。据估计，到2020年中国将成为世界上最大的温室气体排放国[27]。按照中德合作项目——唐山市河北一号小区示范工程改造取得的效果来计算，如果我国北方地区既有居住建筑实施综合节能改造，则北方地区每年可以节省采暖能耗达4 852万吨标煤，节能潜力巨大。同时还可以每年减少SO_2排放6.79万吨、减少粉尘排放53.4万吨、减少NO_x排放43.7万吨、减少碳氢类化合物排放2.43万吨、减少CO_2排放12 400万吨[28]。

表1.3　北方部分城市既有建筑的平均能耗状况表

能耗指标	哈尔滨	长春	鞍山	唐山	太原	兰州	包头
每个采暖季的能耗指标/（吉焦/平方米·年）	0.766	0.756	0.986	0.53	0.55	0.51	0.7
住宅采暖能耗指标/（瓦/平方米）	69	68	70	45	64	44	50

表1.4 北京住宅建筑耗热量指标与发达国家的比较 单位：瓦/平方米

比较对象	耗热量指标
执行新标准前，中国北京市一个采暖期	30.1
执行新标准后，中国北京市一个采暖期	20.6
瑞典、丹麦、芬兰等国际一个采暖期	11

北方城镇既有采暖居住建筑量大面广、能耗高、舒适性差、采暖导致污染严重，全面推进节能改造必将带来巨大的经济效益、环境效益和社会效益。北方城镇既有采暖居住建筑节能改造的进展情况将会直接影响到我国建筑节能目标的实现，也关系到“十一五”规划提出的每万元GDP能耗下降20%、主要污染物排放总量减少10%的约束性指标的顺利实现。如不及时对城镇既有采暖居住建筑进行节能改造势必影响到所在城市的可持续发展，因此对其进行改造是贯彻节能减排政策，落实科学发展观，建设资源节约型、环境友好型社会的重要举措。

1.2.2 居住建筑节能改造融资难

《民用建筑节能条例》第三十条指出，居住建筑节能改造费用由政府和建筑所有权人共同负担。《北方采暖地区既有居住建筑供热计量及节能改造实施方案》改造的投资主体和回报方式一般有供热企业改造模式、节能服务公司改造模式、单一产权主体改造模式、居民自发改造模式、国际合作项目改造模式、组合改造模式。

1. 国家对既有居住建筑节能改造的经济激励政策

1986年出台的《民用建筑节能设计标准（采暖居住部分）》（JGJ26—86）标志着我国推行建筑节能的开始，自1986年以来我国政府出台了一系列与促进建筑节能工作相关的财政税收政策和信贷政策。表1.5列举了自开展建筑节能工作以来，在税收优惠、财政补贴以及信贷政策方面分别制定的与建筑节能有关的激励政策。这些激励政策虽然在一定程度上推动了建筑节能开展，但这些政策中除了《北方采暖区既有居住建筑供热计量及节能改造奖励资金管理暂行办法》之外，其他基本不是针对建筑节能而制定的，更不是专门为激励既有居住建筑节能改造而制定的，一旦这些政策目标实现而导致经济激励政策终止，那么建筑节能的优惠政策也随之终止，固定资产投资方向调节税就是一例。相关的法规只是宏观地提出针对既有建筑节能改造的经济激励政策，没有出台具体的配套措施或实施细则，导致激励效果有限。

表 1.5　与建筑节能相关的激励政策

激励类型	颁布时间	相关政策法规、文件名称	主要相关条目
税收优惠政策	1991 年 4 月	《中华人民共和国固定资产投资方向调节税暂行规定》	对满足 JGJ26—86 节能规范的北方节能住宅，其固定资产投资方向调节税执行零税率
	1992 年 11 月	《关于加快墙体材料革新和推广节能建筑的意见的通知》	对新型墙体材料（包括利废材料）产品继续免征增值税，对实心黏土砖一律不得减免税。对北方节能住宅和新型墙体材料项目的固定资产投资方向调节税，按规定执行零税率
	1994 年 3 月	《关于企业所得税若干优惠政策的通知》	企业利用本企业外的大宗煤矸石、炉渣、粉煤灰作为主要原料，生产建材产品的所得，自生产经营之日起，免征所得税 5 年
	2001 年 12 月	《关于对部分资源综合利用及其他产品增值税政策问题的通知》	自 2001 年 1 月 1 日起，在生产原料中掺有不少于 30%的煤矸石、石煤、粉煤灰、烧煤锅炉的炉底渣及其他废渣生产的水泥实行增值税即征即退的政策，部分新型墙体材料减半征收增值税
	2006 年 8 月	《国务院关于加强节能工作的决定》	对生产和使用列入《节能产品目录》的产品实行节能税收优惠政策
	2008 年 1 月	《中华人民共和国企业所得税法》	企业从事符合条件的环境保护、节能节水项目的所得，可以免征、减征企业所得税
	2008 年 1 月	《中华人民共和国企业所得税法实施条例》	税法中所指的环境保护、节能节水项目包括节能减排技术改造。企业自项目取得第一笔生产经营收入所属纳税年度起，第一年至第三年免征企业所得税，第四年至第六年减半征收企业所得税
	2008 年 4 月	《中华人民共和国节约能源法》	国家对生产、使用列入《中华人民共和国节约能源法》第五十八条推广目录的需要支持的节能技术、节能产品，实行税收优惠等扶持政策
	2008 年 7 月	《民用建筑节能条例》	民用建筑节能项目依法享有税收优惠

续表

激励类型	颁布时间	相关政策法规、文件名称	主要相关条目
财政补贴政策	2002 年 4 月	《技术更新改造项目贷款贴息资金管理办法》	将节能降耗列为安排贴息资金的使用范围
	2006 年 5 月	《可再生能源发展专项资金管理暂行办法》	发展专项资金的使用方式包括无偿资助和贷款优惠；贷款贴息方式用于列入国家可再生能源产业发展指导目录、符合信贷条件的可再生能源开发利用项目
	2007 年 10 月	《国家机关办公建筑和大型公共建筑节能专项资金管理暂行办法》	该办法规定的专项资金使用范围主要包括建立建筑节能监管体系支出、建筑节能改造贴息支出以及其他相关支出
	2007 年 12 月	《北方采暖区既有居住建筑供热计量及节能改造奖励资金管理暂行办法》	对北方采暖地区既有居住建筑供热计量及节能改造奖励资金使用范围、奖励原则和标准、资金拨付与使用以及监督管理等做了规定
	2008 年 4 月	《中华人民共和国节约能源法》	国家为符合条件的节能技术研究开发、节能产品生产以及节能技术改造等项目提供优惠贷款
	2008 年 10 月	《再生节能建筑材料生产利用财政补助资金管理暂行办法》	补助资金是指中央财政安排的专项用于支持再生节能建筑材料生产与推广利用方面的资金。资金使用方式主要有贷款贴息和奖励等
信贷政策	2006 年 8 月	《国务院关于加强节能工作的决定》	决定要求，拓宽融资渠道；各类金融机构要切实加大对节能项目的信贷支持力度，推动和引导社会各方面加强对节能的资金投入
	2007 年 6 月	《节能减排综合性工作方案的通知》	通知要求，加强节能环保领域金融服务，鼓励和引导金融机构加大对循环经济、环境保护及节能减排技术改造项目的信贷支持
	2008 年 4 月	《中华人民共和国节约能源法》	国家引导金融机构增加对节能项目的信贷支持
	2008 年 7 月	《民用建筑节能条例》	引导金融机构对既有建筑节能改造、可再生能源的应用，以及民用建筑节能示范工程等项目提供支持

2007 年 12 月财政部发布的《北方采暖区既有居住建筑供热计量及节能改造奖

励资金管理暂行办法》是现阶段关于既有居住建筑节能改造针对性最强的经济激励政策，对奖励资金使用范围、奖励原则和标准、资金的拨付与使用等都做了明确的规定。该办法对严寒和寒冷地区的奖励基准分别是 55 元/平方米和 45 元/平方米，改造越早，奖励越多，2009 年、2010 年、2011 年的进度系数分别为 1.2、1 和 0.8。相对于 150～300 元/平方米的改造成本，可以看出现阶段对既有居住建筑节能改造的资金支持力度较小，另外对于 2011 年后既有居住建筑节能改造是否还会有相应的奖励，该办法没有给出确切说明。

总体来看，当前国家对既有居住建筑节能改造的激励政策具有针对性不强、力度不大、可持续性差等特点。

2. 业主投资节能改造积极性不高及其原因

2005 年 10 月建设部在全国范围内进行的“建筑节能问卷调查”显示，81%的居民对于建筑节能“没听说过”，或“听说过，但不了解”。居民愿意投资于住宅节能改造的占 58%，不愿意的占 8%，视节能效果而定的占 15%，视国家政策而定的占 19%，居民对投资节能改造的态度如图 1.1 所示。愿意承担 20%以上改造成本的仅占 6%，愿意承担 10%以下改造成本的占 74%，承担 10%～20%改造成本的占 20%，居民愿意承担节能改造费用的比例如图 1.2 所示。调查显示居民的节能改造意愿很高，但对承担改造费用的积极性不高。从表 1.6 可以看出，中德合作项目的三个试点城市的示范项目居民投资比例都不高，其中河北一号小区、北京惠新西街 12 号、乌鲁木齐操场巷小区居民投资节能改造的比例分别是 6%、5.3%、5.5%。从“十一五”期间由政府推进北方地区 1.5 亿平方米既有采暖居住建筑的节能改造任务执行情况来看，居民出资比例也比较低[26,29]。

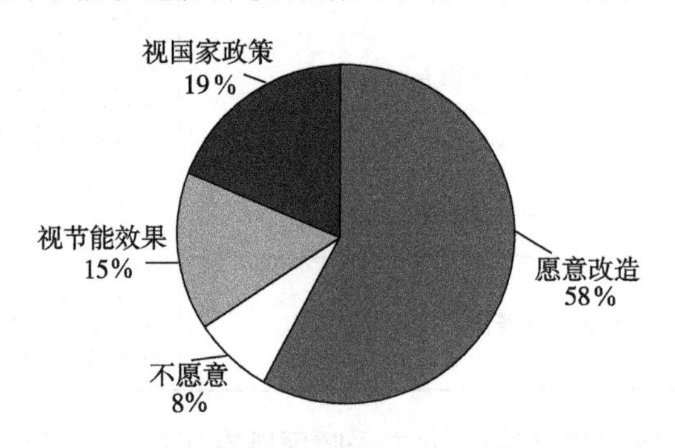

图 1.1　居民对投资节能改造的态度

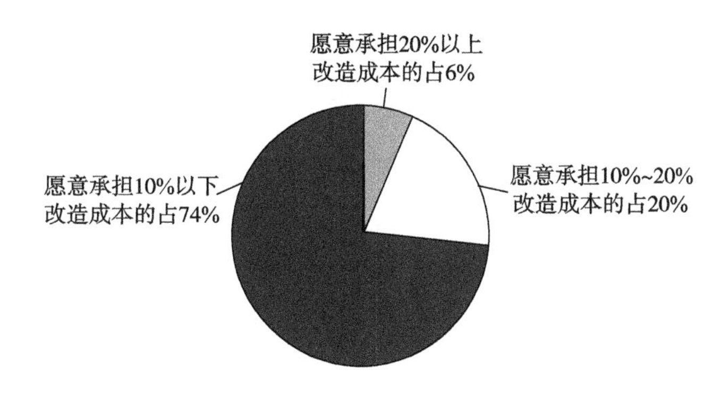

图 1.2　居民愿意承担节能改造费用的比例

表 1.6　中德合作项目投资构成

项目名称	改造面积/平方米	住户数/户	总投资/万元	政府投资		合作项目投资		其他单位投资		居民投资	
				金额/万元	比例/%	金额/万元	比例/%	金额/万元	比例/%	金额/万元	比例/%
河北一号小区	6 135	135	377.6	200	53	95	25	60	16	22.6	6
北京惠新西街12号	11 000	144	380	180	47.4	100	26.3	80	21	20	5.3
乌鲁木齐操场巷小区	21 700	349	900	450	50	150	16.7	250	27.8	50	5.5

不管是国际合作节能改造项目，还是政府推进的改造项目，业主投资进行节能改造的积极性都不高，其主要原因有如下几点。

第一，供热计量收费制度滞后。

供热计量收费本身并不节能，真正节能的是改变用户的使用方式。现阶段既有居住建筑采暖绝大多数是采用垂直单管串联的方式，用户对用热量大小无法调控，客观上造成节能困难；在采暖按面积收费的制度下，是否采取措施节能与用户自身利益关系不大，造成业主主观上节能意愿不强。在热舒适性有所保证的情况下，业主投资居住建筑节能改造的最直接的动力就是能够实现采暖费用支出的减少。如果“节能建筑”不能给业主“省钱”，业主投资节能改造的积极性就会大大降低。供热计量收费制度体现了用多少热交多少费，建筑采暖能耗的多少直接与业主的利益挂钩。基于供热计量的重要性，住房和城乡建设部在《北方采暖地区既有居住建筑供热计量及节能改造实施方案》中将“建筑室内采暖系统热计量及温度调控改造”作为既有居住建筑节能改造的三项改造内容之一。

尽管供热计量收费制度对业主投资节能改造有较大的促进作用，对推动居住建筑节能改造有重要意义，但供热计量收费制度的推行并没有达到预期要求，从而影响了业主投资节能改造的积极性。住房和城乡建设部发布的《关于 2009 年全国建设领域节能减排专项监督检查建筑节能检查的通报》显示：供热计量收费制度滞后，改造收益无法充分体现；目前多数地方还没有实行供热计量收费制度，已经安装的供热计量装置存在浪费现象，改造后仍按面积收费，徒有其“表”；有些地区部分节能改造项目同步实施了供热计量收费制度，但存在供热计量收费确定原则不统一与宣传力度孱弱等问题，导致实施效果不尽如人意。

第二，“节能建筑”不节能，示范效应不明显。

“节能建筑”不节能的现象还十分普遍。我国分别按节能 30％和 50％的节能标准建成了一定数量的节能建筑，但我们在实际使用过程中却发现，这些所谓的“节能建筑”的耗能量指标并不比非节能建筑少，而且这种现象还不仅仅是个例[30]。2004～2005 年，中国建筑科学研究院对 18 个小区，共计约 200 万平方米的居住建筑进行了供热计量试点工作[31]。其中按照 50％节能标准设计的建筑将近占到小区的一半，但测试的结果显示，耗煤量平均为 15.89 千克/平方米·年，基本相当于 30％节能标准的能耗水平；有一个按照 30％节能标准设计的小区，经过实际测定其平均耗煤量为 23.39 千克/平方米·年，基本与非节能建筑的能耗水平相当。节能建筑节能效果不明显，导致公众对节能建筑的认识度不高。例如，经调查浙江省杭州市首批住宅建筑节能试验楼——潮鸣小区翔龙阁在完工近两年后，且入住率已经达到了百分之七八十的情况下，其绝大多数住户却并不知道自己住的是节能建筑[32]。“节能建筑”不节能的主要原因如下：没有按照设计标准来施工（属于施工质量方面的原因）；在使用过程中对原有节能设施或构配件造成破坏。

第三，能源价格偏低，节能改造投资回收期过长。

总的来说，我国能源价格形成机制存在的缺陷具体表现为三个“不反映”，即不反映能源资源的稀缺程度、不反映能源产品的国内供求关系、不反映能源生产和使用过程中的外部成本（如环境污染和生态破坏）而造成能源价格偏低。能源资源价格偏低可能会导致某些建筑节能改造因为经济效益不明显而难以实施，尽管其改造能够带来显著的环境效益和社会效益。例如，中德合作项目河北一号小区剔除用于维修、阳台加固的费用后，实际节能改造成本是180元/平方米，根据当时的能源价格计算示范工程的节能改造投资静态回收期是17年，动态回收期是28年[33]；天津大学尹波和刘应宗指出如果既有建筑节能改造全部由业主投资，那么按照当时的能源价格，投资回收期至少需要15年，对于这么长的投资回收期，业主基本没有多大的投资意愿[34]。

第四，节能改造宣传不到位，对改造后舒适性宣传偏少。

我国目前尚未建立起有效的建筑节能宣传机制和公众参与机制[32]。重庆大学梁境等就媒体进行建筑节能宣传扩散的方法、与建筑节能相关的单位在新闻媒体上的宣传力度两个问题，对94家媒体及宣传机构开展了调查。总的说来，建筑节能知识宣传普及现状堪忧。调查结果显示[35]：专题片、附带在房地产节目中的节能宣传、附带在能源节目中的节能宣传、国家管理机构的宣传片是媒体宣传的主要形式；有近44.2%的单位从来没有投资过关于建筑节能方面的广告业务，建筑节能广告的主要投资者是房地产商和设备材料供应商，而建筑节能服务机构基本未在广告上投资，具体比例见图1.3。

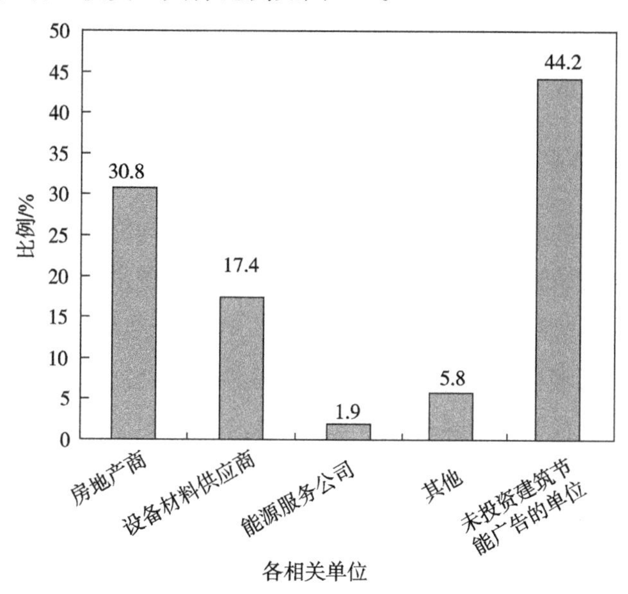

图1.3　各相关单位在媒体上宣传建筑节能力度

对于建筑节能改造的好处，媒体突出宣传比较多的就是全社会进行建筑节能改造后将带来比较大的经济效益、环境效益和社会效益。就普通居住建筑的业主而言，取得的环境效益和社会效益与自己并非直接相关，因此对鼓励其投资节能改造的作用很小；全社会推进居住建筑节能改造将带来巨大的经济效益，是媒体宣传最为突出的一点；但具体到每一户，节省的采暖、空调等总费用非常有限，且投资回收期长，因此节能改造对业主的吸引力不大。当人们为了舒适性的提高，决定投资改善居住环境时，可能投资回收期长短就不是决定因素了，只要能达到舒适性要求即使没有回收的机会也可能投资，如购买空调改善居住条件时就没有考虑其投资回收的可能，因此应该将居住建筑节能改造带来的舒适性的提高作为宣传的重点。

通过媒体宣传和示范工程让群众切实感受到舒适性的提高，激发业主投资节能改造的积极性。中德合作项目河北一号小区改造完成后产生了良好的示范效应，其周边小区居民对既有居住建筑节能改造投资的承受能力从示范工程的每户 2 000 元上升到 5 000 元[28]。在 2007 年年初惠新西街 12 号节能改造的策划阶段，为了摸清居民对节能改造的态度，项目组在小区张贴了宣传告示、发放了节能改造宣传手册，之后对该楼居民入户发放调查问卷，结果 144 户居民只回收有效问卷 47 份，这反映居民对节能改造的积极性不高。为改变这种状况，群众工作部组织居民代表和社区工作人员到河北一号小区参观，在切身感受节能改造的效果后，这些参观人员成为小区的节能改造义务宣传员。

3. 热源热网企业投资居住建筑节能改造积极性不高

民用建筑单体的节能改造将直接降低现有建筑物的能耗水平，在热源供热量不变的条件下可有效增加城市供热面积，降低单位面积供热成本，提高热力供应商的经济效益。因供热系统是由热源、热网、室内供暖系统组成的庞大、封闭复杂的循环系统，供暖用热具有自然垄断性，热价不能通过市场自由竞争形成，只能由政府模拟市场机制而对热价进行管理。由于城市热力供应的垄断状态，供热成本是制定热价的重要参考依据，供热成本基本都能在热价中得到体现，故供热企业降低供热成本的积极性不大。因此，仍处于粗放式管理状态下的城市热力供应企业，随着供热面积的增加并不能有效降低单位面积的供热成本。而且，在民用建筑节能改造过程中，往往也需要对现有城市供热管网进行必要的改造、延伸，在政府补贴额有限的情况下，城市热力供应商往往不愿意参与民用建筑的节能改造。

4. 融资渠道不畅

既有居住建筑节能改造项目特点如下：规模一般较小，投资通常在100百万元左右，投资回收周期通常为5～10年。而银行等金融机构对这类贷款额度较低、回收周期长的项目兴趣不大，主要原因如下：评估节能改造项目的技术可行性、审核贷款方资信、准备相关文件资料并进行监督管理需要较高的费用；既有居住建筑节能改造项目在投融资市场尚处于起步阶段，银行和担保机构缺乏相应的专业评估人员，且没有形成成熟的操作办法。

梁境等对62家金融机构就开展建筑节能相关业务的意愿组织调研，具体调查信息见表1.7。结果显示，以前开展过建筑节能相关业务的金融机构其意愿反而下降，而意愿明显上升的是以前没开展过相关业务但经过建筑节能信息扩散后的金融机构。其主要原因如下：当前对建筑节能收益估计普遍过于乐观，导致经过信息扩散后的金融机构积极性比较高；而实际收益情况并达不到预期目的，使得以前开展过建筑节能相关业务的金融机构意愿下降[35]。总的说来，对开展建筑节能相关业务，金融机构普遍持观望态度，这反映了既有居住建筑节能改造投融资面临困境[36,37]。

表1.7　金融机构开展与建筑节能相关业务的态度　　单位：%

调查主体	开展过相关业务的金融机构	知识扩散后的金融机构	未经知识扩散的金融机构
不愿意	9.50	10	13.70
根据情况决定	66.70	60	65.40
可以考虑	9.50	0	10.30
愿意	4.80	10	1.80
非常愿意	9.50	20	8.80

1.3　现有研究成果综述

1.3.1　建筑节能与效益费用评价研究及评述

海内外学界针对节能改造效益费用评价的研究主要集中在以下三个方面。

1. 既有建筑节能改造效益费用构成研究

Brown 等对节能建筑全寿命周期费用进行分析，指出节能建筑降低全寿命周期费用的方式与方法[38]。王恩茂等针对节能住宅全寿命周期费用的含义、构成进行分析，构建了动态开放的节能住宅费用估算模型[39]。李忠富和周佳通过与传统住宅对比及案例试算，分析生态住宅的全寿命周期成本，结论表明生态住宅尽管建设成本相对较高，但运营维护阶段可得到良好的节能回报，并长期有益于社会与环境[40]。马明珠和张旭利用全寿命周期分析方法对建筑保温的节能减排效益与成本进行评估，分析结果表明，建筑保温具有良好的节能减排效益，全寿命周期成本相对降低，具有良好的经济性[41]。陈偲勤针对绿色建筑从经济学角度分析绿色建筑全寿命周期费用和效益，并在此基础上提出应对之策[42]。刘玉明基于全寿命周期成本分析方法对既有住宅节能改造所引致的增量费用与效益进行分析，结果表明围护结构节能改造投资规模较大，回收期较长，投资吸引力较低，需要政府给予经济激励政策[43]。郭俊玲在其硕士学位论文中对既有建筑节能改造项目的全寿命周期成本进行论述，分析节能改造所产生的增量成本与增量效益[44]。

2. 利用费用效益分析具体方法对节能方案比选或对节能效果实施综合评价

Asadi 和 da Silva 利用瞬时系统模拟程序（transient system simulation program，TRNSYS）建立了建筑节能改造方案多目标优化模型并在 Matlab 环境中得以实现，对围护结构节能改造策略方案等进行比选决策，案例分析证明了该模型的实用性[45]。Martin 以瑞士一节能建筑作为案例，对其节能效果及边际费用进行实证分析，认为新建节能建筑或既有建筑节能改造投资决策的关键问题在于节能边际费用衡量，以及节能实施者与投资者对于定价、效益等信息不对称的问题[46]。刘玲论述了将价值工程运用于建筑节能的必要性、可行性及合理性[47]。刘丽霞利用费用效益方法对绿色建筑的费用与效益进行量化分析，并进行了实证研究[48]。许盛夏构建了基于模糊数学的价值工程建筑节能评价体系，并设计了相应的工作流程[49]。

3. 对于节能技术应用与费用效益之间互动关系的研究

Tiderenczl 和 Matolcsy 对一种会呼吸的墙体应用于节能建筑进行费用效益评

价，并以匈牙利某建筑物为例进行实证研究[50]。Novakovic 等采用 Energy Plus 软件对医院病房的围护结构与暖通系统进行优化设计，降低建筑物总能耗，采用高效的采暖、制冷和照明设备，在满足病人所必需舒适环境的基础上，降低建筑物的运行成本[51]。Palmero-Marrero 和 Oliveira 对建筑物百叶窗太阳能集热系统在节能建筑中的应用进行了费用与效益分析，结果表明该系统具有良好的经济性[52]。张君对复合外保温墙体进行技术经济分析，并结合实例进行验证，结果表明复合外保温墙体应用于节能建筑是有其优势的，可产生明显的经济效益[53]。任国强和李琴构建了外墙体保温的全寿命周期费用模型，计算得到了保温层最佳厚度[54]。谢自强等研究体形系数的变化与增量费用之间的互动关系，提出控制建筑物形状的建议与措施[55]。

4. 建筑节能与效益费用评价研究评述

综上所述，关于建筑节能与效益费用评价的研究具有如下特点：第一，全寿命周期费用理论已被广泛应用于建筑节能领域，对节能建筑、绿色建筑、生态住宅的初始费用、未来费用有了较为统一的认识；第二，在进行费用估算时，均主张注意资本的时间价值，将相关费用折算到起始点；第三，在进行方案比选、节能效果评估时，建立了完善的评价指标体系，运用了价值工程、模糊数学、物元可拓等新工具、新方法；第四，对将新技术、新工艺应用于建筑节能领域均持乐观态度，认为新技术、新工艺的运用有助于降低建筑节能费用，提升建筑节能效益。

但是，在费用效益评价研究方面仍存在某些不足，甚至研究空白。主要表现在以下两个方面：首先，对节能改造阶段划分以及增量效益及费用的构成、内涵尚未达成统一认识，对节能改造实施阶段费用的研究较多，对前期准备、维保运营阶段费用的研究较少；其次，在建筑节能，尤其是既有建筑节能改造方面，尚没有建立有效的费用估算模型，传统的定额、清单计价模式只有在施工图全部完成后才能充分发挥作用，在节能改造决策阶段不能对其费用与效益做出快速判断。

1.3.2 建筑节能与外部性研究及评述

1. 建筑节能外部性研究

自马歇尔提出“外部性”100 多年以来，这一论断已被广泛应用于经济社会各方面。建筑节能具有显著的正外部性，近些年来，建筑节能的外部性问题开始受到学界关注，主要表现在以下两个方面：一是从宏观角度，对建筑节能市场失灵及外部性内部化问题进行探讨；二是从微观角度，基于项目探讨建筑节能对社会、经济及环境的影响。Tuominen 和 Klobut 对欧盟十个成员国建筑持有者进行调查，结果表明：建筑持有者对主动提升建筑物的能源效率缺乏意愿，因为一方面个体投资与个体收益不相匹配，另一方面建筑持有者所享有的能源价格并没有包含负的外部性，如能源浪费，环境污染等，他们对建筑节能潜力进行估算，提出了克服外部性的政策建议[56]。尹波和刘应宗对建筑节能所导致的外部性进行论证，并尝试构建建筑节能资源分配模型，就建筑节能领域外部性内部化问题设置了若干对策[34]。卢双全对建筑节能的代际外部性进行分析，认为不采取节能措施的短视行为会造成社会福利的损失[57]。任邵明等对建筑节能市场部分失灵进行深入探讨，揭示了节能市场外部性特征及规律，提出了外部性内化的策略与方法[58]。张云华和汪霞认为生态节能建筑领域存在“市场失灵”现象，市场机制不能充分发挥作用。政府应通过法律、税收等手段进行干预，从而促进节能技术与产品的研发[59]。刘玉明和刘长滨阐述了采暖区既有建筑节能改造外部性的内涵，建立了节能减排外部性的度量公式，认为对外部性进行度量是制定经济激励政策的依据[60]。北京交通大学郭俊玲在其硕士学位论文中，系统地论述北方采暖区既有居住建筑节能改造的外部性，对节能改造外部性的界定、分类、内部化乃至减排外部性的度量均做出了有益尝试[61]。马兴能等则从博弈论角度论证节能改造行为的外部性，并构建了基于进化博弈论的节能改造博弈模型[62]。

2. 外部性量化研究

Chung 和 Poon 就中国香港两种垃圾处理方式的外部成本进行度量，结果表明垃圾填埋的外部成本大于其收益，同时在不考虑影响市容及交通等因素条件下，焚烧垃圾的处理方式因燃烧造成的大气污染等，其外部成本要高于填埋方式[63]。华中科技大学陈旭在其硕士学位论文中，构建基于特征价格（hedonic）模型的武汉轻轨对沿线土地增值度量模型，对轻轨的外部性进行度量[64]。王平利等在对煤层气项目社会、经济、环境影响识别与阐述的基础上，对其外部性进行量化，并探索将其内部化的方式与方法，对提升煤层气项目开发积极性具有现实意义[65]。党晋华等采用经济学分析方法，认定采煤过程中对环境造成的负外部性，应用环境价值评价法，对负外部性进行量化[66]。杨琦和郗恩崇就高速公路对社会所造成的边际影响，构建了基于投入产出法的外部性量化模型[67]。张长江和温作民在进行能流分析的基础上，将各种能量转化为统一的太阳能值，对森林外部效益进行量化[68]，刘圣欢对外部性量化参数进行梳理，构建多种情况下的外部性量化模型，认为外部性的连锁反应是外部性量化的难题[69]。张长江构建了生态效益外部性量化公式，即“生态效益外部性＝生态效益净额－生态收益”[70]。

3. 建筑节能与外部性文献评述

有关建筑节能外部性分析的文献呈现出如下特点：第一，建筑节能行为具有显著的外部效益，这一点被广泛接纳，已达成统一的认识；第二，建筑节能正外部性的存在导致市场资源不能达到最优配置，尹波、卢双全、刘玉明等学者均认为应该消除或减轻外部性，而消除外部性的前提是外部性量化；第三，对于建筑节能外部性内化，文献［34］以及文献［57］～文献［62］认为政府应该积极参与，制定有效的经济激励政策。关于外部性量化的文献，主要是采用投入-产出法、条件价值法等具体方法，在识别外部性表现、特征的基础上实施计量。

有关建筑节能与外部性的研究，尽管已取得相应进展，但仍存在着一定不足，主要表现如下：第一，对建筑节能外部性范围仍然模糊不清，一些文献仅对建筑节能或节能改造、节能减排外部性进行分析或度量，但并未涉及其经济与社会外部性等；第二，在对外部性进行量化时，未结合居住建筑及商品住宅节能改造具体模式进行阐述，致使外部性供体与受体模糊不清，直接导致外部性度量结果有失偏颇；第三，在外部性内部化方面，多数文献从实施经济激励角度进行分析论述，但对促进建筑节能或节能改造市场机制建立、有效提升相关企业主观能动性方面少有涉及。

1.3.3　建筑节能改造费用分摊与筹措研究及评述

1. 节能改造费用分摊研究

在节能改造资金筹措方面，多数学者从费用分摊与融资模式两方面进行探讨。在费用分摊方面，陈砚祥和刘晓君在对既有住宅外部性识别的基础上，利用合作对策理论将费用在受益各方间进行分配，使各参与主体对于所分摊的费用更易于接纳，从而解决节能改造筹资难的问题[71]。西安建筑科技大学杨树云在其硕士学位论文中对既有居住建筑节能改造的费用分摊问题进行分析，按照“谁受益，谁分摊”的基本原则将费用在各参与主体间进行分摊，并通过案例对费用分摊模型进行了验证[72]。

关于融资模式，刘晓君和季宽在既有住宅节能改造领域引入经营城市理念，建立全新的融资模式，并结合 BT（build-transfer，即建设-移交）运行模式，设计相关操作流程[73]。金占勇等借鉴先进国家既有建筑节能改造经验，认为根据所处阶段确定融资方案对目前节能改造较为适用[74]。

2. 节能改造政策性资金筹措研究

关于既有建筑节能改造经济激励的研究如下：Ei-Sharif 和 Horowitz 论证经济激励政策对建筑节能推广的作用，并结合住宅市场进行分析[75]；韩青苗等从对相关政策实施评价角度入手，综合中国建筑节能实施经验，从五个方面构建经济激励政策实施效果评价体系[76]；刘玉明和刘长滨将经济激励政策划分为三个阶段，一是在市场建立初期，应以财政补贴政策为主要促进方式，以税收优惠为补充，二是在市场发展期，应采取财政补贴与税收优惠并重的激励方式，三是在成熟阶段，应以税收优惠为主，财政补贴为辅[77]。

3. 既有建筑节能改造费用分摊与筹措相关文献评述

既有建筑节能改造费用分摊与筹措相关文献主要从费用筹措来源进行相关阐述，费用分摊方法多采用效益分摊法，对于节能改造所产生的外部性、多人合作对策等因素少有考虑，存在较大研究创新空间；在政策性资金筹措方面，多是强调政策性资金支持，对于调动节能改造各参与主体能动性方面较少涉及，存在创新空间。

1.3.4 建筑节能改造市场化运作与政策研究及评述

1. 既有建筑节能改造与合同能源管理的研究

合同能源管理是 20 世纪 70 年代发端于欧美国家的一种市场化的节能创新操作方式，近年来被广泛应用于建筑节能领域，Lee 等以韩国为例，论述政府在解决节能服务公司（Energy Service Company，ESCO）缺乏投资动力方面具有决定性的作用，并提出相应的节能措施[78]。Goldman等[79]评述了美国ESCO产业市场趋势，指出美国的ESCO产业被视作成功的典型，尤其对于大型机构客户，其开端于20世纪70年代的石油危机，成长于20世纪80年代末和90年代初，并采用了两个并行的分析方法：调查公司估计总体产业规模及ESCO项目数据库对美国的ESCO产业趋势和绩效的综合实证进行分析。M. Beerepoot和N. Beerepoot根据荷兰既有建筑节能改造的经验，认为政府颁布的政策法规对于节能服务行业至关重要，指出如果没有严格的规范标准，节能相关政策就无法实施[80]。重庆大学谯川将合同能源管理应用于既有公共建筑节能改造，并对既有公共建筑节能改造资金筹措等问题进行探讨[81]。邓志坚等将合同能源管理引入公共建筑节能改造实践，构建激励模型，提出激励政策等建议[82]。吕荣胜和王建从节能服务提供商角度，分析合同能源管理模式下制约节能服务企业成长的内部、外部障碍，并针对这些障碍提出相应对策建议[83]。

2. 既有建筑节能改造的评价决策方法与模型的研究

Doukas等[84]研究了评价建筑节能措施的智能决策支持模型，指出有效的能源管理需要选择节能措施支持战略决策过程的工具和方法，所建模型可以识别介入的需求，对典型既有建筑进行节能措施评价，该模型主要包括含有可能改造措施的建议数据库、构成核心和展现评价过程的决策支持单元、含有BEMS（building energy management systems，即建筑物能源管理系统）数据和外部参数的经验数据库，以及最后的建议清单。Popescu等[85]研究节能改造措施对建筑物经济价值的影响，讨论节能改造建筑的经济价值增加问题，提出量化建筑因节能改造而增加价值的方法，以及其与投资财务分析结合的方法，通过方法的应用，表明节能改造措施投资回收期取决于两个因素，即潜在能源节约和物业增加价值。Tommerup和Svendsen[86]研究了丹麦既有居住建筑节能改造的潜力和技术节能的可能性，指出丹麦75%的建筑建成于1979年以前，而1979年丹麦第一个重要的建筑能效要求出台，指出未来的综合改造具有很大潜力，提出了一个评价节能措施的财务方法。徐刚[87]研究了中国北方城市民用建筑系统节能改造决策方法，提出民用建筑系统热源、城市热网、民用建筑单体的节能改造决策方法，并构建了基于Agent的北方城市民用建筑系统节能改造决策支持系统。赵靖等[88]按照寿命周期分析的评价步骤，建立中国北方供暖地区既有居住建筑供热计量及节能改造的三级目标考核评价体系，同时根据多指标综合评价法，结合层次分析法、成功度评价法，构建评价体系的数学模型。赖家彬等[89]研究了夏热冬暖地区高层住宅的建筑节能决策，利用动态规划原理建立节能决策问题的数学模型，对住宅节能改造综合决策方法研究具有借鉴意义。马兴能等[62]探讨了既有建筑节能改造的外部性及业主的有限理性，分析和研究了无政府行政干预下的业主进化博弈和政府经济激励约束下业主进化博弈。

3. 建筑节能及节能改造政策方面的研究

Ryghaug 和 Sorensen[90]认为政府激励政策缺失、政府对建筑行业缺乏有效管理、建筑行业技术落后是制约挪威建筑节能发展的三个主要问题，指出政府如能解决以上三个问题就能较好地开展建筑节能工作。Nassen 等[91]分析了阻碍瑞士建筑节能的政府组织和管理上的问题，认为对于既有建筑，热能的使用与能源价格的增长和能源价格弹性有很大关系，认为刺激建筑节能需求是促进瑞士建筑节能的主要措施。Koomeya 等[92]分析了美国政府采取激进政策和平稳政策下，建筑节能技术的采用对建筑节能成本、能源消耗量、减排的影响。Henryson 等[93]认为利用信息影响建筑能耗是完全有可能的，消费者知识水平的增长将会对节能起到促进作用，利用如电费、取暖费、用电折扣等信息刺激节能的时间越长，对建筑节能的促进作用也越大。杨玉兰和李百战介绍了欧盟建筑能效指令 EPBD（energy performance of building directive，即建筑节能性能）的主要内容，并从建立建筑能耗计算方法、规定建筑最小能耗要求、建立建筑能耗证书制度等方面分析建筑节能政策对欧盟国家和地区建筑节能的影响，以便为中国建筑节能政策的制定和执行提供参考[94]。梁境和李百战基于国务院《民用建筑节能管理条例》的调研，分析现阶段中国公共建筑节能管理与改造面临的主要障碍，并对此设计了符合中国国情的制度及实施和保障程序[95]。孙金颖等指出中国的节能经济政策绝大多数不是专门为节能制定的，这些经济政策向节能倾斜的力度不强，这降低了节能项目的吸引力和与其他项目的竞争力[36]。李菁和马彦琳指出建筑节能市场发展迟滞源自有效制度供给不足[96]。胥小龙针对北方采暖地区供热计量及节能改造工作，提出应加强体制、组织、市场三个方面的保障措施[24]。曹晓丽针对阻碍节能改造工作实施的主要问题，提出了十项主要对策和三项辅助措施[97]。彭梦月通过调研发现“政府＋原产权单位＋居民”的投融资模式是当前用得最多的模式，并针对业主、供热企业和物业投入改造积极性不高的情况给出建议[98]。

4. 文献评述

在项目市场化运作管理方面，对适用居住建筑节能改造管理的文献较少，多是对能源合同模式进行探讨；建筑节能及改造的卓有成效的方式是市场机制的ESCO模式，其在美国及世界各地得到广泛应用，并且效果显著；同时，ESCO模式在进入不同国家时会表现出不同特征。ESCO模式在大型机构客户的建筑节能及改造中效益突出，但对于居住节能改造具有众多分散决策主体的特点而言，仍有待深入探索和研究。

对于项目市场化运作的决策方面，国外研究主要包括决策支持系统方法、财务分析方法、实验方法、系统研究方法及计算机软件方法等，量化研究的创新方法较多，但与定性研究的结合、结果的感性认识研究等较缺乏；国内在吸收国外先进方法经验同时积极对其进行改进，主要包括决策支持系统方法、层次分析法、成功度评价法、动态规划方法、进化博弈分析方法、粗糙集和熵理论方法、区间数关联决策方法等，其共同特征为量化模型研究，对节能改造项目决策起到重要的积极意义和理论支持。对于中国居住建筑节能改造项目及方案决策，有待进一步进行针对性的研究。

中外学者都针对各自关注的问题，从不同视角给出了建筑节能及节能改造方面的政策建议。对适用居住建筑节能改造管理的文献较少，多是对能源合同模式进行探讨；同时这些政策建议定性的多定量的少，对政府关于改造的补贴额度，相关改造受益主体合理的出资比例均未提及，同时缺少对供电企业应参与建筑节能改造的论述。

1.4 问题的提出

从上述现状研究来看，我国居住建筑节能改造通过多年的探索和实践，取得了一定的成果，但当居住建筑节能改造从起步阶段发展到发展阶段以后，市场化管理模式显示出极大的必要性。在市场化的居住建筑节能改造中，企业需要通过有效的管理模式获得目标经济效益，而其中难题尚未破解。

一方面，各参与主体之间尚未形成行之有效的费用分摊机制，存在着资金来源不明确、投融资主体不清晰等问题，改造所形成的节能量未能在不同市场主体间有效流动，节能量交易机制缺失，制约了居住建筑节能改造持续健康推进与发展。另一方面，节能改造所形成的效益及外部性量化手段匮乏，外部性偿还与内部化缺乏必要依据。同时，居住建筑节能改造合理费用分摊的项目运作尚未形成成熟模式。破解资金难题，建立市场化、常态化的节能改造费用分摊机制，以及形成有效的项目运作模式，是实现节能改造可持续发展的根本所在。目前，主要存在具体问题如下。

1.4.1 节能改造投资费用来源单一、不明确

投资费用筹集是居住建筑进行节能改造亟待解决的主要难题。居住建筑不同于公共建筑，一栋建筑之中，房屋产权分属于几十户甚至上百户居民，产权分散导致决策及费用分摊主体众多，政府、居民、供热企业、物业公司、节能服务公司等参与主体利益诉求不同，尽管对于节能改造所产生的节能减排、居住功能提升等效益具有统一认识，但由于外部性的存在，各参与主体均比较关注“谁来出资”的问题，相关法律法规也并未对此做出明确规定。

在已有成功案例中，大多数是以政府投入为主，并辅以多方参与的模式予以实施。节能改造费用来源、筹措方式单一，严重依赖政府投入或财政补贴，尚未形成稳定适用、广泛可靠的节能改造费用来源与筹措方式。我国需要实施节能改造的居住建筑存量较大，所需改造费用数量浩大，单纯依靠政府及其他参与主体自筹，政府财政将难以为继，应在费用来源方面引入市场机制，鼓励民间资本介入，以市场化的形式筹措节能改造费用，建立灵活多样、适用有效的投资费用来源与筹措机制。

1.4.2 投资费用支付方式不明确

费用支付方式是指节能改造实施主体与其他利益关系乃至费用支付时间等的确定。在市场活动中，经济活动参与者进行投资活动的初衷是获取预期收益。居住建筑节能改造具有回报周期较长、投资风险较大的特点，对于投资回报方式与

构成尚没有形成可供借鉴的模式，很难吸引社会投资者的主动介入。对于拟改造社区居民来说，尽管近年来我国北方采暖地区开始实施供热体制改革，采暖方式与热计量方式实现了部分改革，但是多数住宅建筑仍然依据建筑面积实施计量收费，这种热计量方式无法将节能改造效果与居民个人利益直接挂钩，对居民参与实施节能改造难以产生直接动力。权属问题也是制约节能改造费用支付的重要因素，在一些拟改造社区，二次网、热交换站等产权不是十分明确，因此较难确定节能改造的投资主体。此外，在费用支付时间方面，尤其是维保运营阶段，由谁承担维保运营相关增量费用，也是亟待解决的问题。

1.4.3　尚未建立节能量交易机制

居住建筑节能改造可有效降低建筑能耗、减少废弃物排放，促进环境向好发展。政府单纯通过直接投入与传统的政策性融资引导节能改造，一方面使得政府财政难以为继，另一方面也无法对节能改造工作较为出色的地区或团体予以鼓励，无法对节能改造行业实施价值发现与创新。将由政府推动的节能行业运行机制逐步向社会化、民营化方向转变是节能行业经过多年发展与磨合逐渐达成的统一认识。节能量交易就是在凝聚此项共识的基础上，建立的一种自主节能减排的市场化、社会化交易机制。节能量交易将节约的能源量作为特殊商品在所构筑的平台上实现交易，从而盘活节能市场中各参与主体实施节能行为的积极性，为进一步开展节能工作筹措必要的资金[37]。

1.4.4　节能改造相关信息披露与共享机制缺失

在居住建筑节能改造市场，存在着信息交流壁垒。政府、供热企业、居民甚至物业公司均有可能作为节能改造投资主体实施节能改造，在此过程中由于专业技术的缺失，需要寻找专业公司实施节能改造，投资主体与专业公司之间存在着委托与服务的合同关系。一方面，投资主体无法直接了解节能服务公司的具体情况，如企业实力、技术能力、过往业绩等；另一方面，节能服务公司也无法在短时间内快速了解拟改造项目实际情况，如节能改造所需费用、有可能获取的效益及外部性等。信息的不对称性导致资源配置不合理，阻碍了费用分摊市场化机制的建立。

1.4.5　节能改造资金运作的项目市场化模式有待建立

企业通过市场化方式实施节能改造项目，需要寻求有效的操作方法和管理模式，但由于目前居住建筑节能改造项目以政府为主导，基本未采用项目的市场化运作模式；个别项目虽然通过市场进行运作，但仍需政府的有力支持，各方关系及项目运作方面并未形成成熟模式。因此，真正市场意义的居住建筑节能改造企业需要建立全新的项目运作流程，在节能改造费用合理分摊与市场化运作基础上，建立市场调研、资金运作、项目选择、制定方案、群决策方案、改造实施及竣工验收和交付使用等科学流程。同时，为培养市场化项目管理模式的成长，政府部门应优化和拓展其管理职能。

综上所述，居住建筑节能改造的难点问题反映在节能改造费用如何分摊上，而外部性显著又是居住建筑节能改造的突出特点，因此本书确定为基于外部性量化的我国采暖区居住建筑节能改造费用分摊研究。

第 2 章

居住建筑节能改造全寿命周期费用研究

2.1　居住建筑节能改造全寿命周期阶段界定

根据居住建筑节能改造阶段的不同，既有居住建筑节能改造全寿命周期可分为前期准备期、改造实施期和维保运营期三个阶段①，如图 2.1 所示。

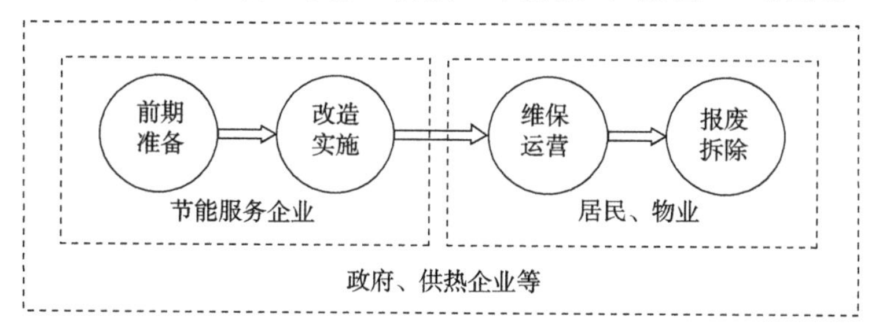

图 2.1　既有居住建筑节能改造全寿命周期阶段划分模型

2.1.1　前期准备期

前期准备期是指从项目前期调查开始至居民安置工作完成所需要的时间。主要包括前期调查、节能潜力评价及方案比选与决策、居民动员与清场安置等工作。

① “报废拆除”是一个时点，不构成一个时期。

1. 前期调查

对居住建筑相关资料进行调查研究，摸清亟须实施改造的规模与强度，调查涉及面广、工作量庞大，是一项细致而复杂的系统工程。利用实地调研、数据搜集整理相互促进的工作形式，对拟改造居住建筑的现状存量、保养状况、能源消耗水平及其社区居民家庭结构等进行调查研究，从而获得支持改造决策的基础性资料，同时能够为项目节能潜力评价、多方案比选、节能改造决策等后续工作予以数据支持。可将前期调查工作进一步划分为普查与重点调查两项工作内容。

1）普查阶段

普查的工作内容主要是通过入户调查、相关人员走访调查获取拟改造社区建筑物数量、建筑面积、建成年代、结构形式、住户基本情况等基本信息。具体包括以下内容：①建筑物房龄、数量及比例；②建筑物外形、高度、朝向以及屋盖、外墙及门窗等的体系设置；③各类型建筑物的平立面布置及户型配比；④供热方式、采暖类型；⑤居民基本情况、改造意愿等。

2）重点调查阶段

为充分掌握拟改造居住建筑围护结构、供暖系统的特点及能耗情况，需在普查的基础上对拟改造项目实施重点调查。通过现场实测并定量分析围护结构、采暖系统的特征及能耗规律。重点调查内容主要包括：①围护结构的类型及基本做法[99]；②测试主体部位的传热系数、热桥部位内外温差[99]；③采暖系统类型、搜集采暖系统能耗情况及效率数据等[99]。

2. 节能潜力评价及方案比选与决策

1）节能潜力评价

根据拟改造社区所在地区气候条件与经济发展程度，设立具体改造目标，包括节能目标、修缮目标以及功能目标等。节能目标可根据各地具体情况与所处时段并结合技术标准综合确定，如达到50％节能目标，或达到65％甚至更高的节能目标等。根据预先设立的具体改造目标，对比现有的能源消耗水平，实施节能潜力评价。

2）方案比选与决策

根据技术经济参数，如节能改造具体方案的投资回收期、费效比、投资回报率等指标进行节能改造方案比选。费效比［元/（千瓦时/年）］是指单位建筑面积的节能改造费用与单位建筑面积年节能量之比，实施方案比选时，可从拟改造项目房龄、结构形式、拟实施节能改造的设施设备等方面实施梳理与测算，获得相关方案的费用与效益配比关系，以最终决定与项目具体情况相吻合的节能改造模式与实施方案。

3. 居民动员与清场安置

居住建筑节能改造与新建商品住宅小区相比，存在着决策主体意见分散，利益关系难以理顺等难题。在进行节能改造施工时，社区居民日常生活难免会受到负面影响，围护结构与采暖体系实施改造施工过程中甚至有可能需要进入住户家中作业，部分社区居民会产生抵触情绪。对实施节能改造所带来的整体效益难以提升至应有的高度来认识，实施改造的动员工作难度较大。获取社区居民的谅解，对于实施节能改造的最终成功举足轻重，需要高度重视。入户说服解释、增加节能改造宣传频次、举办联动协调会议、加强与业主委员会的沟通等是获得社区居民动员工作成效的重要方法。

根据住建部建科〔2012〕16 号文件要求，应严格管理既有建筑节能改造工程，居住建筑进行节能改造作业期间应撤离居住人员，并安排专人进行消防安全巡逻，对于撤离的居民，应采取措施进行妥善安置[100]。

2.1.2　改造实施期

改造实施期是指节能改造前期准备工作完成后直至节能改造完成投入使用的整个阶段，是节能改造项目的建设期，改造实施期应结合节能改造建设规模、复杂性、具体条件、管理水平及参与人员素质等因素综合确定。主要工作包括围护结构节能改造、热计量与采暖系统改造以及供热热源及供热系统改造等工作[101]。

1. 围护结构节能改造实施

采暖区既有住宅建筑中，围护结构的传热损失占总体热损失的比重较大[102]。以地处寒冷地区的北京为例，在既有居住建筑中，通过外墙体、外门窗及屋顶产生的热量损耗大约占到总热量消耗水平的 80%，通过外门窗空气渗透形成的热损失约占全部热损失的 23%。建筑物围护结构的热工性能直接关系到建筑物的热（冷）负荷，因此节能改造的重要举措和内容之一就是对建筑物围护结构实施节能改造，提升其隔热保温性能，从而降低建筑物能耗指标，达到节能改造的目的和要求[102]。居住建筑围护结构节能改造是在不改变或破坏原有主体结构、体系的基础上，针对外墙体、屋面、外门窗等建筑构件进行节能改造，在实施改造过程中，还要注意避免增加屋盖、墙体等的自重，避免加重房屋额外负担。

1）墙体节能改造

外墙保温改造主要是在保证围护结构安全，防火安全的前提条件下，提高外墙体热工性能，确保热桥部位不结露。在北方严寒、寒冷地区，采暖期市内外温差较大，外墙体传热系数直接决定着建筑物采暖能耗指标的高低，因此提升外墙体传热系数指标是墙体节能改造的关键所在。

从添加保温设施位置角度进行划分，外墙体隔热保温主要有三种方式，即外墙自保温（夹心保温）、外墙内保温与外墙外保温[101]。由于外墙外保温在改造实施过程中无须临时搬迁、对居民正常生活影响程度低，居住建筑节能改造一般优先推荐使用外墙外保温技术，目前外墙外保温已成为我国既有建筑节能改造外墙体节能的主要方式。

2）屋面节能改造

屋盖是组成居住建筑围护结构的重要构件，屋面保温隔热一般采用干铺逆置、架空乃至种植等施工工艺。干铺逆置屋面将防水层与保温层互置，将防水层置于保温层之下，一方面可避免由于内外温差而在保温层处形成冷凝水的现象，另一方面能够使防水层获得较好的保护，在一定程度上提升屋面的使用性能，有助于延长屋面系统的寿命，适应恶劣的自然环境。架空屋面隔热是在坡屋顶上常用的保温隔热方式，通过设置出气孔与进气孔，利用内外热压差及风压差，实现冷热气体的相互置换，减少对于室内的热辐射。架空屋面投资费用相对较低，可有效解决顶层住户热舒适度差的问题，也可产生较好的外立面效果，在北方各地曾广泛兴起的“穿衣戴帽”工程中得到广泛应用。种植屋面是指在节能环保的新型屋面，通过在屋顶种植农作物，太阳照射热量在一定程度上被农作物吸收，以达到隔热降温的目的，但受严寒、寒冷地区气候条件所限，且对屋面防水、承载要求较高，尚未在我国北方全面运用。

3）外门窗节能改造

在围护结构三大部件中，外门窗抵御外部严寒或酷热的能力最为有限，对室内热舒适度以及建筑物能耗指标有着直接影响。提升外门窗的隔热保温性能、减少热损失，是节能改造的重要内容之一，其改造着眼点主要在于外门窗的传热系数、遮阳系数及气密性三个方面[101]。

2. 热计量与采暖系统改造

1）热计量装置改造

一般而言，建筑物耗热量通常是建筑物内全部住户共同消费热量的总和。将拟进行节能改造的建筑物作为热度量的基础性单元，在拟改造建筑楼栋供热管道接入位置安装热量度设施，可以据此确定室外管网的热输送效率，从而使复杂的热计量问题简单化。加装热量度设施是按照实际热消费数量收取费用的前提条件。应结合室内外设备设施、热力管网的相关情况，针对楼栋热度量设备的数量和位置实施系统综合考量后进行配置。

根据《供热计量技术规程》（JGJ173—2009），居住建筑应以楼栋为对象设置热量表，对于建筑类型相同、年代相近、围护结构特点相同、用户分摊方式一致的多栋建筑，也可确定某一共用位置设置热计量装置[102]。在楼栋或热交换站设置热量度设施的，各具体住户热消耗量数值应采取用户热分摊方法确定；在各住户热力接入位置处设置热量度设施的，可直接进行住户热损耗量度量测算；在每个居民住户入口处设置热计量装置，投资费用相对高昂。从节省节能改造费用考虑，一般采用在建筑物热力入口处设置热计量装置，以每栋楼作为计量单元，各居民用户再根据统一计量分摊方法进行计量分摊[103]。

2）室内采暖系统改造

对室内采暖系统进行节能改造，应充分考虑施工方便及技术经济等各方面因素。将既有住宅常采用的垂直单管顺流式采暖系统，改造为新双管系统或带跨越管的单管系统，当确实需要采用共用立管的分户采暖系统时，应充分考虑居民住户室内环境的美观性[103]。尽量减少对用户已有室内设施的破坏，避免原有住宅功能受到损失；在节能改造过程中，水力平衡也是应该着力解决的重点，解决水平及垂直方向水力及热量失调，从而达到一定的节能效果。

除此之外，实施改造时应在性能可靠的前提下，安装各住户的温度控制设施。散热器供暖支管处应设置散热器恒温控制阀[103]。温度控制装置有助于促进居民节能习惯的养成与延续，推动其根据实际情况把控温度的能动性，达到节能目的。

3. 供热热源及供热系统改造

供热系统一般包括一次网、热交换站、二次网等部分[103]，如图 2.2 所示。在热力管道工程中，热力主干线一般被称为一次网，通常包括热源（热电厂或区域锅炉房）以及热源至社区及换热站之间的热力主干线。热交换站是指供热系统中热网与用户的连接站，主要设备包括板式换热器、循环泵等[103]。热交换站的主要作用在于将一次网所供给的热量进行再调整、再分配，以达到居民的热量要求。同时对各种供热采暖数据进行度量与整理，并反馈给专业操作人员。

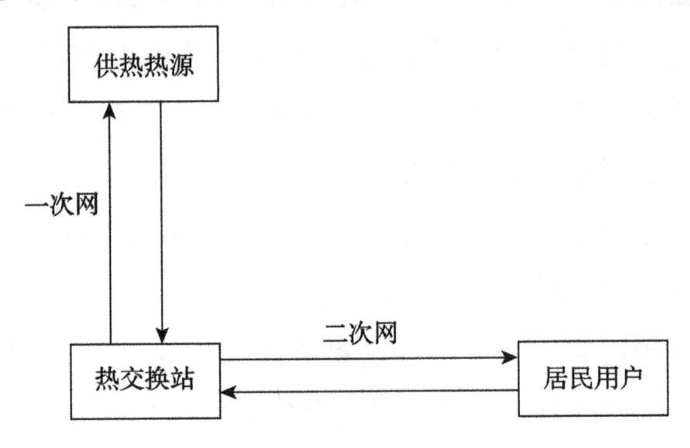

图 2.2　城市供热系统常用结构概念图

供热管网能源浪费根源在于运行效率低下，而水力失调是效率低下的主要原因，水力失调造成近端用户采暖过热，以至于需要开窗散热，远端用户室温偏低现象在居住建筑中广泛存在[103，104]。供热管网效率提升的着眼点在于测算水力平衡指标、更换或补强热力管网保温层，从而达到节能改造的目标，而热源及热交换站中的循环水泵是进行节能改造的重点。

2.1.3　维保运营期

节能改造项目交付使用后，进入项目维修保养与运营使用时期，应根据建筑结构主体设计寿命、节能改造所采用的建筑材料、设备经济寿命等综合考虑确定该阶段的时间长度。若要达到预定的节能目标效果，达到预定的功能要求，关键取决于该阶段维护保养水平与使用强度。

在维保运营阶段，一方面需保持居住建筑的基本功能，提升社区居住品质；另一方面，需进一步挖掘节能潜力，促进社区居民节能习惯的养成与持续。同时，该时期也是前期费用投入收回并获取效益的关键阶段，通过能源节约、项目运营成本降低等形式逐年收回前期投入并获取应有效益。无论是居住品质提升、潜力挖掘，还是前期投入费用收回，其本质是对实施节能改造获得效果的复盘与检验。在进入维保运营期一定时间后，应比照预定的功能目标、环境目标、社会目标乃至经济目标，针对节能改造实际效果进行全方位的后评价，获取相关基础数据与资料，以备将来项目参考使用。

2.2　居住建筑节能改造全寿命周期费用分析

2.2.1　节能改造全寿命周期费用识别的原则及特点

1. 费用识别的原则

1）全面性原则

对居住建筑节能改造过程中的费用识别应坚持全面性原则，主要体现在以下三方面：首先是费用识别的时间范围应该包括从节能改造开始直至全寿命周期结束的全过程；其次是兼顾各参与主体产生的费用，既要顾及节能服务企业，也要顾及居民、供热企业等；最后应兼顾各构成要素引致的费用，从人力资源费用到设备费用，再到材料费用，直至管理费用等，均要面面俱到，无一遗漏。

2）层次性原则

层次性原则是指居住建筑节能改造全寿命周期费用涉及因素较多、范围较广、关系错综复杂，在进行费用识别时，应根据各费用的类别、特征分层识别与汇总，从而在一定程度上减轻费用识别的复杂程度。

3）“有无对比”原则

“有无对比”原则亦称增量原则，是进行居住建筑节能改造费用识别所要恪守的重要准则。对居住建筑节能改造费用进行识别，应先比较节能改造前后成本的变化情况，成本增加部分一般识别为增量费用，而费用减少部分一般识别为增量效益。

2. 节能改造全寿命周期费用特点

1）增量费用

居住建筑节能改造可归类于改扩建项目，根据上述“有无对比”原则，居住建筑节能改造所产生的费用应与节能改造前项目费用区别开来。节能改造全寿命周期费用主要是指由节能改造引致的成本增量，即为实现节能改造的总体目标，而引致的前期准备、改造实施、维保运营等费用的变化，强调节能改造导致的费用增加部分。

2）费用产生主体较多

居住建筑节能改造参与主体众多，包括政府、节能服务企业、居民、供热企业、物业公司等[105]。各参与主体为追求利益最大化，均会支付相应费用，从而形成节能改造全寿命周期费用多主体性的特点。

3）多阶段特性

本书将居住建筑节能改造划分为前期准备期、改造实施期与维保运营期等主要阶段，各个阶段会产生相对应的费用，各阶段费用在特征、相互关系方面都具有各自的特点，主要体现在以下两个方面：第一，各阶段所发生的费用具有各自特征，如前期准备期费用构成繁杂琐碎，改造实施期费用多为一次性费用，维保运营期费用除替换费用外一般为重复发生的费用。第二，各阶段费用相互关联、相互制约，全寿命周期费用并不是各阶段费用的简单累加，前一阶段所发生的费用往往会影响后一阶段费用支出，存在一定程度此消彼长的关系[106]。

4）系统性

居住建筑节能改造本身就是一个系统，相应的，其费用构成体系也具备一定的系统特征，它同时又涵盖了若干子系统，如特征因子系统、时间段系统等。各子系统之间相互联系，相互影响，使节能改造全寿命周期费用体系具有明显的系统特征。

2.2.2　节能改造全寿命周期费用构成分析

1. 按照时间维度

居住建筑节能改造全寿命周期费用由前期准备、改造实施、维保运营等阶段的费用构成，根据具体工作内容不同可进一步细分，前期准备费用包括前期调查费用、节能潜力评价费用、方案比选与决策费用、居民动员费用与清场安置费用，如节能改造宣传费用、入户说服等费用以及清场与居民安置费用等。改造实施费用包括设计及技术研发费用、废弃设施设备拆除费用、围护结构改造费用(外墙体节能改造费用、屋面节能改造费用、外门窗节能改造费用)、室内采暖系统改造费用、供热系统改造费用以及在节能改造期间发生的设计监理等咨询费用。

在对维保运营费用进行识别时，应特别注意对于“有无对比”原则的灵活运用。一般而言，建设项目全寿命周期未来费用一般包括能耗费用、运营费用、修理维护费用、替换费用、报废拆除费用[107]。

实施节能改造后，居住建筑总体能耗费用与改造前相比明显降低，应被识别为增量效益。由于节能改造对原设施、设备进行了修缮维护，原设施、设备运营费用及维护费用相对降低，不应再被视为节能改造项目的增量费用。而因实现节能目标、功能目标而新增的设施、设备，其运营及维护费用、新增修理及替换费用、新增设施设备折旧费用及报废拆除费用应被识别为增量费用，其费用构成如图 2.3 所示。

2. 按照参与主体及要素

1） 按照参与主体

按照参与主体，可将居住建筑节能改造全寿命周期成本划分为生产者费用、使用者费用以及社会费用。节能改造的生产者主要是指节能服务企业、供热公司等，从其角度看待全寿命周期费用，主要有前期准备费用、节能改造实施费用等，涉及节能改造前期准备与改造实施阶段。一般而言，生产者只关心从前期准备，到材料设备采购，再到改造实施，直至交付使用所支出的一系列费用，而忽视维保运营阶段的费用支出。

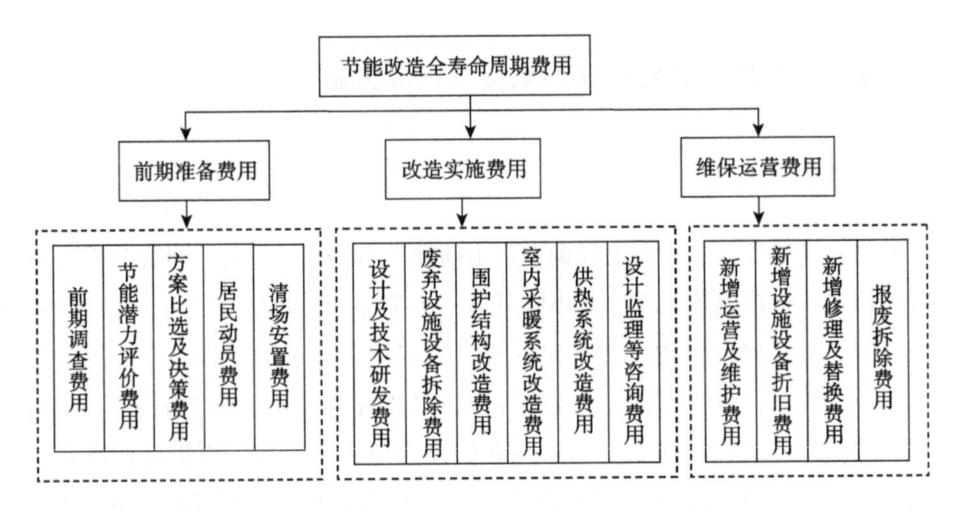

图 2.3 既有居住建筑节能改造全寿命周期费用汇总

节能改造完成调试，进入维保运营期。作为主要使用者的居民、物业公司等所需要支付的费用即为使用者费用。社会费用也称公共费用，是经济学中的重要概念，是指生产一件产品或劳务耗费社会的全部费用，一般这部分费用均以经济成本或机会成本的形式出现，但针对居住建筑节能改造而言，政府作为整个社会的代言人也会承担诸如拟改造社区筛选、协调动员等方面的具体费用。

2）按照构成要素

按照构成要素区分，可将居住建筑节能改造全寿命周期费用划分为人力资源全寿命周期费用、建筑材料全寿命周期费用、设备全寿命周期费用以及全寿命周期管理费用[107]，图 2.4 描述了既有商品住宅节能改造全寿命周期费用关系。

2.2.3 节能改造全寿命周期费用估算模型

1. 全寿命周期费用的估算

按照时间维度划分，居住建筑节能改造全寿命周期费用分为前期准备费用、改造实施费用、维保运营费用，在构造估算模型时，应该考虑资金时间价值对于全寿命周期费用的影响，同时项目在报废拆除时，还应考虑残值对于费用的影响，根据“有无对比”原则，残值仅计取因节能改造新增设备、设施的残值，则其数学模型可构造如下：

$$\mathrm{LCC}_{\mathrm{pv}}=\mathrm{PV}(C_{\text{前期}}+C_{\text{改造}}+C_{\text{维保}}-V_{\text{新增}}) \tag{2.1}$$

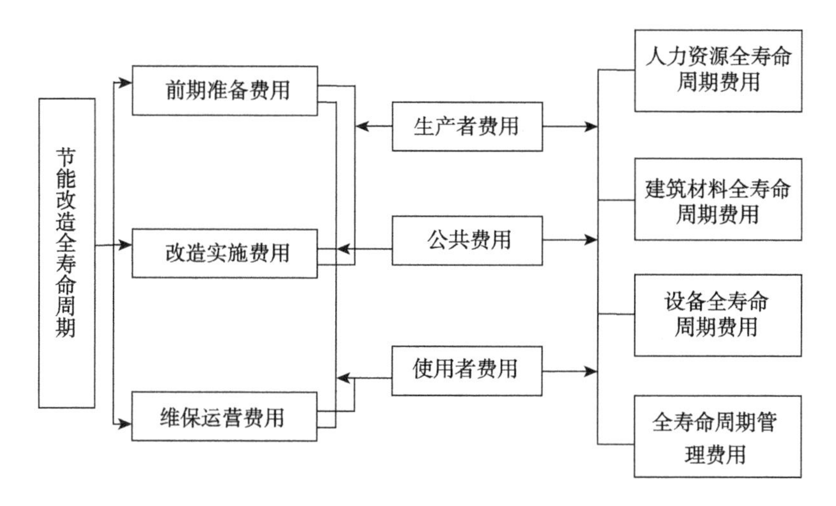

图 2.4　既有商品住宅节能改造全寿命周期费用关系

其中，LCC_{pv}表示居住建筑节能改造全寿命周期现值；PV 表示现值，即要求括弧中费用取现值；$C_{前期}$表示前期准备费用；$C_{改造}$表示改造实施费用；$C_{维保}$表示维保运营费用；$V_{新增}$表示因节能改造新增设备、设施残值。

改造实施费用可通过概算指标方法求得，但由于节能改造项目不同于新建项目，涉及因素众多，概算指标及定额体系尚不完善，概算指标方法具有一定局限性。

2. 节能改造实施费用计算模型

根据《北方采暖地区既有居住建筑供热计量及节能改造实施方案》规定，采暖区既有居住建筑节能改造主要包括三大部分，即建筑室内采暖系统热计量及温度调控改造、热源及管网热平衡改造、建筑围护结构节能改造。考虑到热源及管网热平衡改造主要应由热源热网企业负责，故在构建既有采暖居住建筑节能改造成本模型时，只包括围护结构的节能改造成本模型和建筑室内采暖系统热计量及温度调控改造成本模型。

1）围护结构的节能改造成本模型

既有采暖居住建筑围护结构的节能改造主要包括对外墙、门窗、屋顶、楼梯间等的改造。

（1）外墙的改造模型。

根据《民用建筑节能设计标准》，外墙的传热阻应不低于限值 R_{01}（平方米·开/瓦）和传热系数不高于限值 K_{01} ［瓦/（平方米·开）］。R_{01}、K_{01} 均与采暖居住建筑所在气候分区以及其建筑体形系数 S 有关。

设既有采暖居住建筑外墙热阻为 R_1，用于改造外墙的保温材料导热系数为 λ_1，则需要加保温材料的热阻为 $\Delta R_1 = R_{01} - R_1$，需要的保温材料厚度 d_1 为

$$d_1 = \Delta R_1 \cdot \lambda_1 = (R_{01} - R_1) \cdot \lambda_1 \tag{2.2}$$

则改造围护外墙的费用为

$$A_1 = (1 + K_1) C_1 F_1 \tag{2.3}$$

其中，A_1 为改造围护外墙的费用（包含基层及面层）；K_1 为间接费用系数；C_1 为 d_1 厚保温材料单位面积的价格；F_1 为需要改造外墙的面积。

（2）窗户的改造模型。

既有采暖居住建筑的窗户多为单层木窗，传热系数 K 为 4.7 瓦/（平方米·开），由于长期使用，气密性较差，室内耗热量增大，结合《民用建筑节能设计标准》的要求，需要做改造处理。

改造窗户的费用为

$$A_2 = (1 + K_2) C_2 F_2 \tag{2.4}$$

其中，A_2 为改造窗户的费用；K_2 为间接费用系数；C_2 为选用窗户的单位面积价格；F_2 为窗户的面积。

（3）屋顶的改造模型。

根据中华人民共和国行业标准《既有采暖居住建筑节能改造技术规程》，屋顶的传热阻应不低于限值 R_{03}（平方米·开/瓦）和传热系数不高于限值 K_{03} ［瓦/（平方米·开）］。R_{03}、K_{03} 均与采暖居住建筑所在气候分区以及其建筑体形系数 S 有关。

设既有采暖居住建筑屋顶热阻为 R_3，用于改造屋顶的保温材料导热系数为 λ_3，则需要加保温材料的热阻为 $\Delta R_3 = R_{03} - R_3$，需要的保温材料厚度 d_3 为

$$d_3 = \Delta R_3 \cdot \lambda_3 = (R_{03} - R_3) \cdot \lambda_3 \tag{2.5}$$

则改造屋顶的费用为

$$A_3 = (1 + K_3) C_3 F_3 \tag{2.6}$$

其中，A_3 为改造屋顶的费用（包含基层及面层）；K_3 为间接费用系数；C_3 为 d_3 厚的每平方米保温材料价格；F_3 为屋顶的面积。

（4）楼梯间隔墙的改造模型。

根据《民用建筑节能设计标准》，不采暖楼梯间隔墙的传热阻应不低于限值 R_{04}（平方米·开/瓦）和传热系数不高于限值 K_{04}［瓦/（平方米·开）］。R_{04}、K_{04}均与采暖居住建筑所在气候分区以及其建筑体形系数 S 有关。

设既有采暖居住建筑楼梯间热阻为 R_4，用于改造屋顶的保温材料导热系数为 λ_4，则需要加保温材料的热阻为 $\Delta R_4=R_{04}-R_4$，需要的保温材料厚度 d_4为

$$d_4=\Delta R_4 \cdot \lambda_4=(R_{04}-R_4)\cdot \lambda_4 \tag{2.7}$$

则改造楼梯间墙的费用为

$$A_4=(1+K_4)C_4F_4 \tag{2.8}$$

其中，A_4为改造楼梯间墙的费用；K_4为间接费用系数；C_4为 d_4厚的保温材料单位面积价格；F_4为楼梯间隔墙的面积。

由以上得出围护结构的节能改造成本 A 为

$$A=A_1+A_2+A_3+A_4 \tag{2.9}$$

2）室内采暖系统热计量及温度调控改造成本模型

对既有居住建筑采暖系统的节能改造主要是根据已有采暖系统的现状，选择既能满足供热计量和室内温控的改造目标，又尽可能多地减少对住户生活干扰的改造方案。室内采暖系统改造可因地制宜地选择以下改造方式。

（1）如果原采暖系统为垂直单管顺流系统，可将每组散热器的供水管与回水管之间加设一跨越管，在散热器上设置性能稳定可靠的手动温控调节阀或者设置恒温阀。

（2）如果原采暖系统本来就是垂直双管系统，管道系统可以保持不变，只需在散热器上设置性能稳定可靠的手动温控调节阀或者设置恒温阀。

（3）如果原系统选用的是单双管系统，可改造为在每组散热器的供水管与回水管之间加设一跨越管的垂直单管系统，或改造为垂直系统，在散热器上设置性能稳定可靠的手动温控调节阀或者设置恒温阀。

（4）如果原系统采用的是低温地板辐射式采暖系统，可将必要的温控装置和调节阀设在户内系统入口处[108]。

既有居住建筑的供暖系统形式以单管顺流式系统为最常见的一种（图2.5），这种供暖系统的热水是从顶层往下顺流到各户，其基本特点是顶层过热而底层可能不热的情况，供热极不均匀，同时无人居住的楼层也必须正常供暖。这种供暖

方式的优点是造价低廉、施工与维修方便、形式简单等；缺点是不能分层分户调节散热器供热大小、不能实现分户计量的要求。

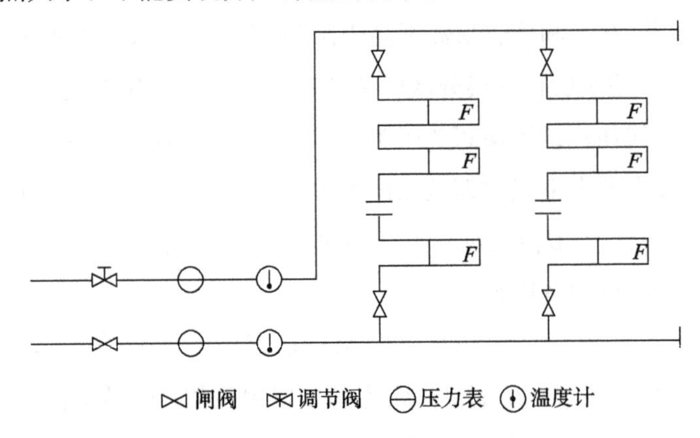

图 2.5　单管顺流式供热系统

因此要实现建筑室内采暖系统热计量及温度可调控就必须对已有采暖供热系统进行改造[109]。

方案 1　用单管跨越式系统改造单管顺流式系统。

单管跨越式系统，就是指在每组散热器的供水管与回水管之间加设一跨越管，使跨越管与散热器并联，这样就使得流过散热器的水量变为可调。将调节阀和热量表设在供水支管上，这样就可对散热器实现温控和热计量（图 2.6）。

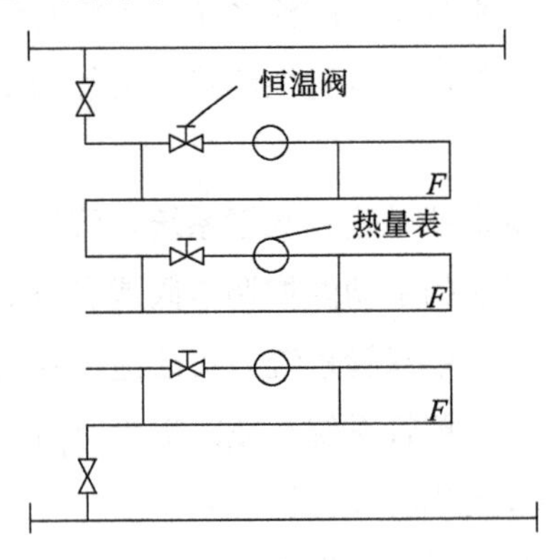

图 2.6　单管跨越式供暖系统

此方案改造费用 B_1 为

$$B_1=(1+K_5)N_1C_5+(1+K_6)N_2C_6+(1+K_7)N_3C_7 \quad (2.10)$$

其中，B_1 为改造采暖系统的费用；K_5 为跨越管间接费用系数；N_1 为跨越管的重量；C_5为每吨跨越管的价格；K_6为恒温阀间接费用系数；N_2为恒温阀数量；C_6为恒温阀单价；K_7为热量表间接费用系数；N_3为热量表数量；C_7为热量表单价。

方案 1 的优点是施工速度快、施工期间对住户影响较小，缺点是该方案要求每组散热器上都安装热量表，不利于后期的计量工作。基于供热计量收费是推进既有居住建筑节能改造的基础，且现阶段热量表的价格较高，初始投资也较大，因此可以考虑采用方案 2。

方案 2　用双管式系统改造单管顺流式系统。

所谓垂直双管系统，就是在原来单管的基础上增加一根回水立管，入户前加装温控阀和热量表，每层每户散热器环路相对独立，从而可实现散热器的局部调节（图 2.7），每户独立控制。这种系统计量时只需记录每户入口设置的热量表的用热量，并以此收费。

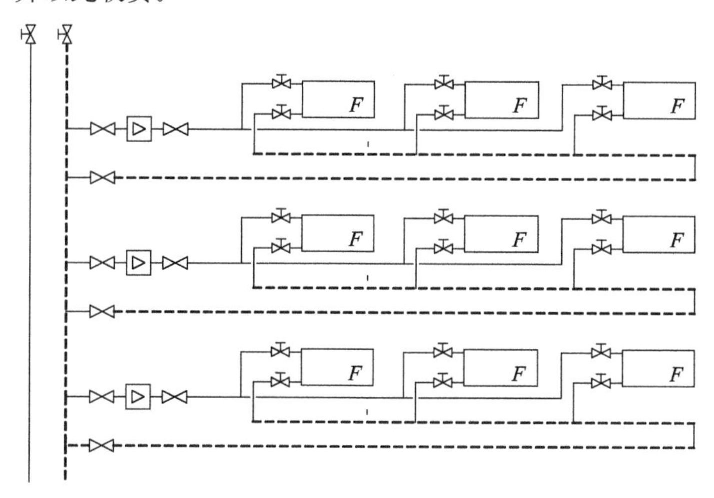

图 2.7　双管式供暖系统

此方案改造费用B_2为

$$B_2 = (1+K_8)N_4C_8 + (1+K_9)N_5C_9 + (1+K_{10})N_6C_{10} \quad (2.11)$$

其中，B_2为改造采暖系统的费用；K_8为镀锌管间接费用系数；N_4为所用镀锌管的重量；C_8为每吨镀锌管的价格；K_9为恒温阀间接费用系数；N_5为恒温阀数量；C_9为恒温阀单价；K_{10}为热量表间接费用系数；N_6为热量表数量；C_{10}为热量表单价。

综上，既有采暖居住建筑节能改造成本 M 为

$$M=A+B_1 \tag{2.12}$$

或

$$M=A+B_2 \tag{2.13}$$

方案 2 的优点：实现了每户只安装一块热量表，所以初始投资较小；由于热量表安装在户外，利于后期的计量工作。缺点：由于改造的力度较大，施工速度较慢，施工期间对住户影响较大。

第 3 章

居住建筑节能改造的外部性分析

3.1 居住建筑节能改造外部性含义及其特点

3.1.1 居住建筑节能改造外部性含义

对居住建筑实施节能改造，将会有效降低整个社会对于能源的依赖水平，达到节能减排的功效，提升居住建筑的品质，还能带动相关产业的发展，但相关受体不一定因此而向外部性供体给付薪金，在这种情况下节能改造所引致的供体的个体效益远远小于社会效益。因此，节能改造实施主体的节能改造行为具有明显的外部效益。

首先，实施居住建筑节能改造可以形成有形或无法量度的成果或服务，给居民、政府或其他个体造就福利效应，具备正外部效益的相应特征；其次，节能改造所产生的外部性具有相互交融、类型多样、度量方法不统一等特征，并且由此产生的经济效果、社会效果、环境效果还没有构建起完善的市场交换体系，因此它的价值无法在目前已有的交易体系中得到最终体现，该类外部性并不由货币价格的变化产生，属于典型的技术外部性。外部性即使主要以正外部性的形式出现，也会产生资源配置失衡等现象。

如图 3.1 所示，设定居住建筑节能改造实施主体由于节能改造所要付出的个体费用为 MC（marginal cost），可以由此获取的个体效益为 MR（marginal revenue)，节能改造引致的社会效益为 MSR（marginal social revenue)，则节能改造实施者的边际个体效益 MR 远小于边际社会效益 MSR，期间的落差 MER（marginal external revenue）即边际外部效益。企业及其他经济主体是逐利而存在的，从节能改造实施主体利己性的视角来看，边际费用曲线 MC 与边际个体效益曲线 MR 相交并唯一确定了节能改造实施主体愿意提供节能改造服务或产品的平衡规模 Q_1；将视角由单一个体扩展至整个社会，社会对于居住建筑节能改造的需求平衡规模位于 Q_2，它是由边际费用曲线 MC 及边际社会效益曲线 MSR 的交点所决定的。在这种情况下，现有市场体系无法合理匹配节能改造服务的供给与需求，社会所需要的平衡规模 Q_2 要多于节能改造实施主体所愿意提供的节能改造服务量 Q_1，由此可看出，个体行为的水平低于社会要求的最优水平，帕累托最优状态无法实现，从而产生了居住建筑节能改造的外部性[110]。根据上述阐述与论证，可对居住建筑节能改造外部性做出如下定义：在各主要参与主体实施节能改造的过程中，除作为节能改造实施主体获取个体效益以外的额外效益，外部性受体并没有因获取这部分效益而向节能改造实施主体支付相应费用。

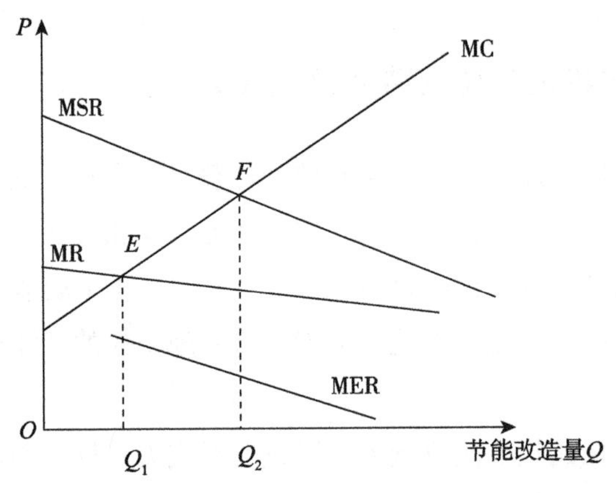

图 3.1 既有商品住宅节能改造外部性分析图

3.1.2 居住建筑节能改造外部性的特点

1. 时空转移特性

节能改造所产生的外部性可以向后代延伸，从而产生代际外部性[111]。目前人类所利用的化石能源均为不可再生能源，在当代多用一部分能源，意味着后代将会少用这部分能源。居住建筑节能改造可以有效提供能源利用效率，达到节能的效果，从而为子孙后代的可持续发展做出贡献。另外，居住建筑节能改造的其他效果，如经济效果、社会效果，也会给子孙后代长期发展带来正面效应。同时，这种正面效果具有一定的时间滞后效应，将会伴随着时间的推移逐步显性化。从影响范围来说，外部性的影响不会局限于一城一地，其影响范围可能会涉及社区、所在区域、城市甚至全国。

2. 兼有公共与私人外部性的双重特征

节能改造的成果是一种准公共产品，由其产生的外部性一方面具有公共外部性的特征，如生态环境改善、增加就业、拉动相关产业发展等，其均有外部性受体众多、产权界定不清晰、非竞争性及非排他性的特点。与此同时，另外一些外部性，如减少热源投资、减少维护费用等，具有私人外部性的某些特征，这些外部性产权相对明晰，受体相对较少且能够辨识，有可能通过交易的方式将其减轻甚至消除。

3. 受体模糊性

居住建筑节能改造外部性供体可以是政府、居民、供热企业及节能服务公司，只要节能改造模式确定，则外部性供体相对较为明确。与之形成鲜明对比的是，其外部性受体相对模糊。节能改造所带来的功能增值，其受益主体固然是居民，相对好做判断，但生态环境效益的受体则显得较为模糊，由节能改造所带来的节能减排效益可能会造福本社区、本地区，甚至整个社会。提升区域形象可增强区域竞争力，改善本区域居住环境，提升房地产价格，其受体除本社区居民外，还可能是本区域其他居民、房地产开发商等。

外部性受体的模糊性决定在解决居住建筑节能改造外部性所导致的一系列问题时，不能搞简单地“一刀切”，而应根据受体的模糊性程度对各类外部性采取各不相同的量化及内部化措施。对于受体相对好做判断的外部性，可以采用基于市场交易价格或替代品价格的量化方法，如对于热舒适度提升、建筑面积增加等。对于外部性受体模糊不清且关系到整个社会的外部性，应由政府作为全体受益主体的代理人，予以买单。

4. 系统性

系统性是指居住建筑节能改造的外部性是一个整体，不可分割，根据具体内容可将节能改造所产生的外部性体系划分为功能、社会、经济乃至环境等外部性子系统，这些子系统实质上是节能改造外部性的不同侧面，是一个系统，在对其进行研究时，不能舍弃整体而仅对其中某一部分进行单独考量。此外，外部性的形成、消费及内部化过程是密不可分的，是外部性发育的不同阶段，同样是一个系统，不能弃整体而独立视之。

5. 持续性与复杂性

从项目管理角度考察，居住建筑节能改造所导致的某部分外部性固然是在某一时点一次性产生或者消费，但大多数外部性以“细水长流”的状态持续产生和存在。例如，室内热舒适度水平的提升并不是在某一时点一次性产生的，而是以类似现金流的方式存在于整个维保运营期。与之相反，建筑面积增加所产生的效益则是在改造建设期末、运营期初一次性产生的。节能改造外部性的复杂性是指外部性产生的时点难以清楚确定，对于是在年初、年内，抑或是在年终产生这一问题，并没有十分明确的答案。此外，某些外部性影响时间段的确认也相对复杂。例如，节能减排外部性的影响周期是与整个维保运营期重合，还是适当延长或缩短？目前尚无定论。

3.2　居住建筑节能改造外部性表现及其分布

3.2.1　居住建筑节能改造总体效益表现

对不符合节能标准要求的居住建筑，按照居住建筑节能设计标准实施节能改造，不仅会给节能改造实施主体带来不同限度的效益，也会给其他个体带来额外效益。根据具体的表现形式与内容，可以将居住建筑节能改造的总体效益划分为功能、环境、社会、经济等效益类型。

1. 功能效益

功能效益是指因功能的提升而产生的效益。居住建筑的首要功能是居住，应首先从居民居住体验的角度进行考量。居住建筑节能改造对原有建筑功能进行了一定限度的提升，如室内热舒适度提升、建筑面积增加等。

1）室内热舒适度提升

室内热舒适度是人体在多种因素作用下的一种主观感觉反映，它主要取决于室内小气候[112]。影响室内热舒适度的因素众多，其中最为重要的两个指标是室内的温度与湿度。根据《采暖通风与空气调节设计规范》（GB50019—2003）规定，住宅建筑空调房间内的舒适性空气参数如下：夏季温度 26～28℃、相对湿度 45%～65%；冬季温度 18～25℃、相对湿度≥30%[112]。节能改造可有效提升室内热舒适度，从而减少居民在改造前为达到热舒适度条件而付出的代价（如节省电费等）。

2）建筑面积增加

在已收集的节能改造案例中，有很多项目因设计要求、居民意愿等，在原有部分外围贴建、加建了相应建筑，新增加了部分建筑面积，这些建筑面积具有显而易见的经济价值，可能为节能改造实施主体或其他人带来相应的效益。例如，在中铁建筑总公司 18 号住宅楼改造案例中，原有建筑面积 17 225.58 平方米，通过贴建、加建等方式新增建筑面积 5 237.42 平方米，这部分受益主体主要为原有居民，在对效益及外部性进行考虑时，应该予以关注。

2. 环境效益

环境效益是指居住建筑节能改造行为所引致的对于生态环境的显著正面效应，按照具体内容可以进一步细分为节约能源效益与有害气体烟尘减排效益等。节能改造工程的实施可提高能源使用效率，节约能源，还可以减少温室气体及烟尘的排放，对于保护生态环境、维护能源安全、促进可持续发展具有重要意义。

1）节约能源

当下，节约能源已经成为一项重要的社会共识，在我国建筑能源消耗具有能源消耗总量的份额有日益扩大的趋势。既有建筑由于年代久远，设计标准和水平低下，具有能源消耗水平较高、存量规模巨大等特点，实施节能改造是亟待解决的问题。节能改造可有效减少对于煤炭、电力等能源的消耗。屋盖、墙体及门窗等的节能改造通过降低各自的耗热量指标，以降低既有建筑物对于能源的消费水平，供热热源及供热管网改造则是通过对热源及供热管网效率的提升，从而达到降低能耗水平，节约资源的目的。

2）减少有害气体、烟尘的排放量

实施居住建筑节能改造可以有效减少二氧化碳（CO_2）、氮氧化物（NO_x）、二氧化硫（SO_2）与总悬浮物颗粒等有害气体、粉尘的排放，减少社会对治理环境污染的投入。

3. 社会效益

居住建筑节能改造可以产生诸如提升区域形象、增加就业人数、提升居民环境保护意识等社会效益。

1）提升区域形象

居住建筑建造年代较早，经过多年风雨侵蚀，外观陈旧，美观度差。社区外观不够美观、居住环境脏乱差无疑会对所在区域形象造成负面影响。对居住建筑的外部墙体、门窗等实施节能改造，改变原有建筑传统、老旧的表观特性，对区域资源进行整合更新，从而升级社区环境，这对于提升区域形象、提高区域内在价值都有着重要意义。

2）增加就业人数

就业是民众生存和发展的根本，它不仅关系到个人的生存发展与价值实现，同时也关乎社会各基层的安定团结及可持续发展。提升就业水平的一个有效手段是进行投资，居住建筑节能改造从广义上讲可归类于建筑行业，作为投资项目的节能改造对于提升就业水平也有着显著的作用。投资项目对就业的拉动分为直接拉动就业和间接拉动就业，直接拉动就业是指项目建设及运营自身所提供的就业规模，间接拉动就业则是指项目带动相关产业发展而引起的对于劳动力的需求[113，114]。具体到居住建筑节能改造，一方面在前期准备期，可以提供大量节能潜力调查、分析咨询岗位；另一方面，在改造实施期与维保运营期，可以提供数量可观的改造施工、节能材料制造、节能设备与设施日常运营等岗位，从而有效提升项目所在地的就业水平。

3）提升居民环境保护意识

室内热计量与温控系统改造使能源消耗量与居民切身利益紧密联系起来，使得作为能源消费者的居民的环境保护意识进一步增强，同时也为居民按照自身需求消费能源产品提供了技术保障，从而引导居民生活方式和消费习惯向良性、可持续的方向发展。

4. 经济效益

居住建筑节能改造无疑会给经济带来正面影响，这种影响可以是宏观层面的，如拉动国内生产总值增长、拉动相关产业发展等；也可以是微观层面的，如减少热源重复投资、减少电厂新增负荷投资、减少物业修理及运营费用等。

1）拉动相关产业发展

任何行业都处在社会分工协作体系的链条中，各行业间有着密切的技术经济关联，建筑节能产业也概莫能外。在考虑居住建筑节能改造总体效益时，应充分考虑其对上下游关联产业的带动作用。建筑节能行业与相关产业的关系可以大致分为两类，即前向关联与后向关联，前向关联是指某产业的进步与创新对下游产业所造成的直接影响，后向关联是指后续产业部门为先行产业部门提供产品，作为先行产业部门的生产消耗[115]。

从建筑节能行业角度分析，其前向关联主要包括公共事业及居民服务业，如房地产中介、商贸服务业等；其后向关联产业则主要包括机械设备制造业、建筑材料业、技术咨询业等，建筑节能业与关联产业的示意图见图 3.2。

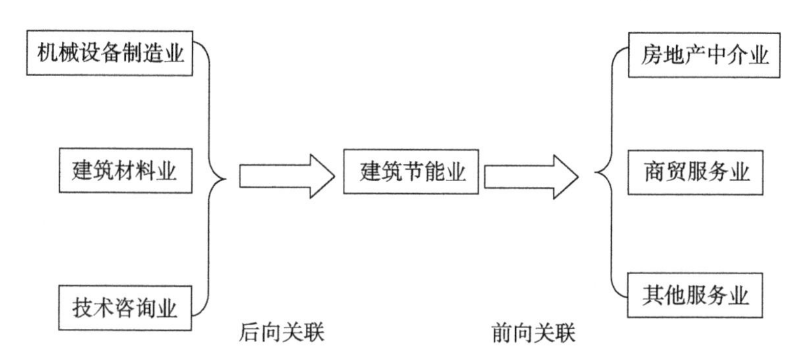

图 3.2　建筑节能业与关联产业的示意图

2）减少热源重复投资

室内热计量与温控系统改造与供热热源及供热系统改造有效提升了供热系统

的效率，围护结构的节能改造有效降低了建筑能耗指标，可以节省相应热能，缓解供热企业因供热面积的日益增加而产生的热负荷压力，免去供热企业因热负荷增加而需要进行的热源建设，从而减少热源重复投资。

3）减轻电力负荷对于供电企业的调峰压力

正是由于居住建筑实施了节能改造，所以节省了采暖及空调系统对电力的消耗，可在冬季、夏季用电高峰有效减轻供电公司电力负荷增长所带来的调峰压力。

4）减少物业维修及运营费用

对围护结构、室内热计量与温控系统等实施改造，可有效提升原有社区建筑质量，改善设备运行状况，从而减少物业服务企业日常维修运营投入。

表 3.1 对居住建筑节能改造所产生的总体效益其类别、因素、主要内容、受益主体、产权界定难易程度等进行了总结与列示。

表 3.1　居住建筑节能改造总体效益表现

类别	因素	主要内容	受益主体	产权界定
功能效益	热舒适度提升	节能改造后，可有效提升住房的热舒适度，冬天提升室内温度，夏天抵御室外高温	居民	容易界定
	建筑面积增加	某些居住建筑节能改造项目可有效增加住房的建筑面积	居民	容易界定
环境效益	节约能源	建筑围护结构与热源热网节能改造均可以产生明显的节能效应，可有效节省采暖煤炭消费量、电能消耗量等	供电企业、社会	较难界定
	减少有害气体排放	可减少 CO_2、SO_2、氮氧化物及粉尘颗粒物等有害物的排放，减少污染，净化空气[115]	社会	较难界定
社会效益	提升区域形象	对居住建筑围护结构进行改造，可改变原有建筑面貌，有效提升区域形象，提高社区的内在价值	社会	较难界定
	增加就业人数	直接拉动就业与间接拉动就业，促进社会和谐稳定[115]	社会	较难界定
	提升居民环保意识	推行采暖入户计量，有助于改善居民生活习惯，增强环保意识	社会	较难界定

续表

类别	因素	主要内容	受益主体	产权界定
经济效益	相关产业带动	提升其他产业的发育水平，促进区域经济[115]	社会	较难界定
	减少热源重复投资	节省能源，间接增加供热面积，减少因热量需求水平提升而需要进行的热源重复建设	供热企业	容易界定
	减轻电力负荷对于供电企业的调峰压力	节省电能消耗，有效减轻供电公司电力负荷增长所带来的调峰压力，减少供电企业运营成本	供电公司	容易界定
	减少物业维修及运营费用	降低物业服务企业日常维修保养等费用	物业公司	容易界定

3.2.2 不同改造模式下的外部性表现

节能改造的正外部性与其所产生的效益密切相关，是总体效益的一部分。当某项效益没有得到受益主体或者社会的合理付费时，节能改造外部性便由此产生。换句话说，节能改造外部性是指实施主体实施节能改造行为所获取的内部效益之外的那部分效益。显然，节能改造外部性与节能改造具体模式息息相关，节能改造实施主体及利益关系的确立是明确节能改造外部性表现的基础与前提条件。

节能改造模式是指解决居住建筑节能改造相关问题的方法论，包括从改造决策到改造实施，直至项目运营全过程中相关问题的解决方式与策略。就节能改造外部性这一具体问题而言，辨别节能改造实施主体及受益主体是确定节能改造模式的首要问题。当下，居住建筑节能改造主要拥有以下几种具体模式：第一，政府主导、居民参与模式，即政府机构提供一定资金支持，同时居民个人出资参与节能改造；第二，供热企业投资改造模式；第三，房地产及物业公司投资改造模式。此外，还包括政府机构委托专业服务商进行节能改造的模式，以及上述模式的不同组合等。

1. 政府主导、居民参与模式：模式一

在做好既有建筑节能改造规划的前提下，政府为具有改造价值的社区提供一定比例的资金支持，社区居民个人投资参与节能改造。此种模式在居住建筑围护结构、室内采暖体系及社区二次网节能改造中较为常见。政府与居民是节能改造的出资主体，也是该模式下的外部性供体，政府作为社会公共利益的代言人，享有节能改造带来的相应效益，主要包括节约能源、减少有害气体排放、提升区域形象、拉动就业、提升居民环保意识、拉动相应产业发展等。在实施热计量、温控装置改造的前提下，有可能为居民带来实实在在的效益，包括减少采暖费用、提升热舒适度、增加建筑面积等。以上效益主要受益主体为节能改造的实施主体，可被识别为内部效益，此种模式下的外部性表现如图 3.3 所示。

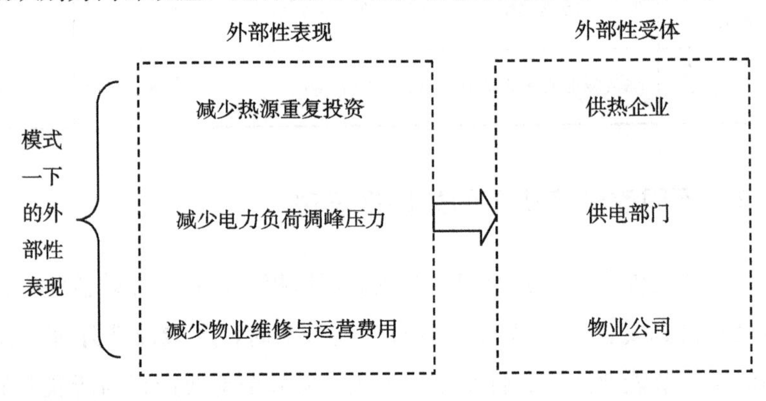

图 3.3　模式一下的外部性表现

2. 供热企业投资改造模式：模式二

在对城市热源与一次网节能改造时，常采用供热企业投资改造的模式，一方面热源与一次网一般属于供热企业，产权较为明晰；另一方面，进行节能改造对于热力公司具有显著的效益，如提升管网使用效率、减少管网运营成本、减少热源重复投资等。与此同时，也带来了一定的额外效益，而这部分效益的受益者并未向供热企业支付相应费用，从而在一定程度上产生了外部效应。在此模式条件下，节能改造的外部性表现主要包括房屋热舒适度提升、节能减排、提升区域形象、增加就业人数、带动相关产业发展、减轻电力负荷带来的调峰压力、减少物业维修与运营费用等，具体详见图 3.4。

3. 房地产及物业公司投资改造模式：模式三

在居住建筑节能改造实践中，存在着房地产或物业公司主导实施的节能改造模式。在这种模式下，物业公司主要以合同能源管理方式向社区居民及其他主体

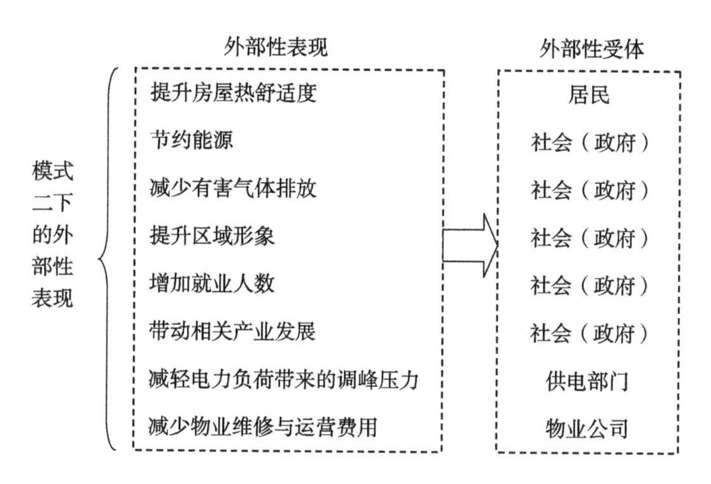

图 3.4　模式二下的外部性表现

供给节能改造相关服务，通过分享改造项目完成后的节能效益、物业成本降低等回收先期投入，获取收益。节能改造完成后，物业公司分享的节能效益主要以减少物业维修与运营费用的形式呈现。

与其他模式相比，此种模式具有以下三方面特点：①物业公司作为社区日常运营管理的责任主体，熟知社区建筑构件、设备以及居民等情况，相关技术资料充分；②可有效避免短视行为，在节能改造过程中，物业公司出于自身利益考虑，不但会考虑实施改造的初始成本，即前期调查费用、改造实施费用，还会从整个生命周期角度考虑节能改造完成后维保运营费用，从而提升节能改造的可持续性；③物业公司拥有完备的专业技术人员，在节能改造方面具有相应的业务优势。

物业公司实施节能改造可提升居民对其的认可度，并降低物业日常维修与运营费用，具有显著的内部效益。同时，还会引致相应的外部效益，而这部分受益主体并没有向物业公司支付相应的报酬，在此模式下，其外部性表现见图 3.5。

3.2.3　节能改造外部性的时空分布

马克思主义认为，时间与空间是物质运动的基本形式[116]。外部性尽管并不属于实体物质，但作为一种实实在在的效应，也是依赖于“时空”概念而存在的。本部分所述外部性的时空分布与代际外部性有一定关系，但并不与其内涵及外延完全等同。居住建筑节能改造外部性的时空分布是基于节能改造项目整个生

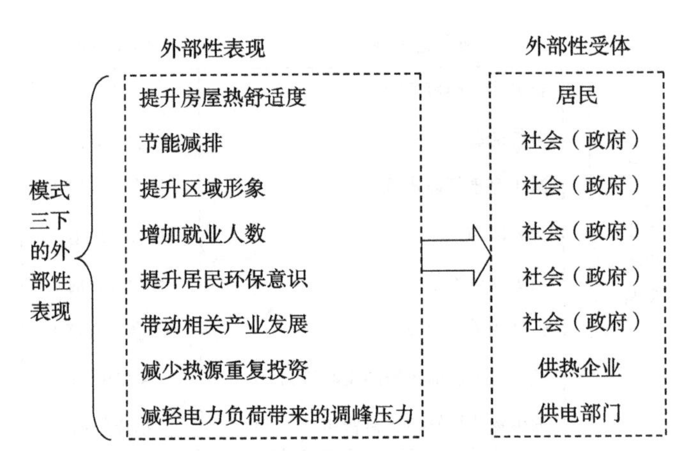

图 3.5 模式三下的外部性表现

命周期的视角，考察外部性产生的时点、影响时间及空间范围，以及对于其大小度量的影响。

1. 节能改造外部性的时间分布

根据全寿命周期理论，将居住建筑节能改造的全寿命周期划分为前期准备期、建设实施期与维保运营期三部分，并识别和界定了相应费用。居住建筑节能改造所引致的外部性，以正外部性为主，实质上是一种额外效益，可以通过市场或非市场方法予以量化，在外部性量化过程中，必须考量资本时间价值在其中的作用。在外部性当中，有的是一次性产生或消费的外部性，有的则是在项目周期中分摊到各年产生或消费的外部性，它们形成或消费的方式不尽相同，由此便引出了外部性时间分布的概念。

（1）一次性产生或消费的外部性，包括增加建筑面积、提升区域形象、减少热源重复投资等。其中，增加建筑面积、提升区域形象等外部效益产生于节能改造完成后，即建设实施期最后一年年末、维保运营期第一年年初。减少热源重复投资等是实施节能改造项目的成果，正是由于项目的出现，减少了重复投资，因此认为供热企业消费以上收益的时点在项目建成后，亦即改造实施期最后一年年末、维保运营期第一年年初。

（2）逐年产生或消费的外部性。提升热舒适度、节约能源、减少有害气体排放、增加就业人数、提升居民环保意识、带动相关产业发展、减轻电力负荷对于供电企业的调峰压力、减少物业维修及运营费用被认为是在某一段时期分摊到各年产生或消费的外部性。其中，提升热舒适度、节约能源、减少有害气体排放、提升居民环保意识、减轻电力负荷对于供电企业的调峰压力、减少物业维修及运营费用等是在维保运营期分摊到各年发生的外部性收益。增加就业人数主要是指项目建设带动的就业增长，对于在前期准备阶段及维保运营阶段所增加的就业则忽略不计。对于带动相关产业发展，则认为是在项目全寿命周期逐年分摊产生的外部性收益。

2. 节能改造外部性的空间分布

外部性是有其影响范围的，并不是在空间中无限蔓延和扩大的，同时这种影响也是具有层次性的，其作用效果随着与外部性供体距离的拉大而逐次递减，如表 3.2 所示。这种特征与其作用效果的大小、产权关系、供体与受体的特性等因素密切相关，如地铁，距离地铁站点越近，其正外部性作用效果越明显[116]。从居住建筑节能改造所引致的外部性来看，根据其影响范围可以将其分为社区级、区域级与全国级。明确其空间分布的意义在于，这有助于对节能改造外部性的产权逐层明晰化，也方便识别受益主体等。

表 3.2　居住建筑节能改造外部性空间分布

外部性	影响范围		
	社区	区域	全国
提升热舒适度	△		
增加建筑面积	△		
节约能源			△
减少有害气体排放			△
提升区域形象	△		
增加就业人数		△	
提升居民环保意识	△		
带动相关产业发展		△	
减少热源重复投资		△	
减少新增电力负荷投资		△	
减少物业维修及运营费用	△		

3.3 居住建筑节能改造外部性后果

居住建筑节能改造正外部性的存在，使得节能改造实施主体实施改造行为的边际个体效益小于边际社会效益，从而抑制节能改造实施主体参与节能改造的积极性，导致资源配置的低效率或竞争均衡的非帕累托最优。

3.3.1 从市场均衡角度考察

假设市场上居住建筑只有两种选择，即实施节能改造与不实施节能改造。在图 3.6 中，横坐标上的任意点到 A 点的长度表示不进行节能改造的规模量，横坐标上任意点到 B 点的长度表示进行节能改造的规模量，线段 AB 代表市场体系所配置的拟改造的居住建筑总规模数量。MSR_1 是实施居住建筑节能改造的边际社会效益曲线，MR_1 是实施节能改造边际个体效益曲线，MSR_2 是不实施节能改造的边际社会效益曲线，MR_2 则是不实施节能改造的边际个体效益曲线。

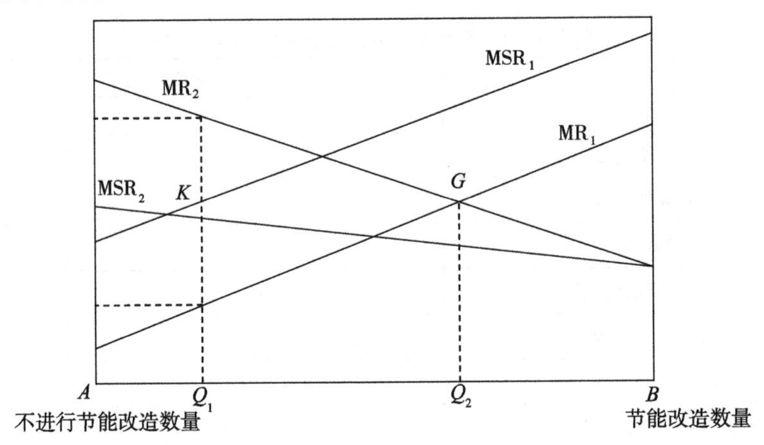

图 3.6 既有商品住宅节能改造的市场配置模型

MR_1 与 MR_2 相交于 G 点，表示在不涉及外部效益的条件下，不实施节能改造与实施节能改造的数量，在市场机制匹配下得到均衡，此时不实施节能改造的数量是 Q_2 到 A 点的距离，实施节能改造的数量则为 Q_2 到 B 点的距离。

由于正外部性的存在，不实施节能改造与实施节能改造数量的社会最优配置均衡点应该出现在交点 K 处，此时 $MSR_1 = MSR_2$[116]。不实施改造的居住建筑是 Q_1 到 A 点的长度，实施改造的居住建筑数则为 Q_1 到 B 的长度。在此均衡条件下，实施节能改造的边际个体效益为 P_1，不实施节能改造的边际个体收益为 P_2，这导致了两者之间的价格差异[116]。如果节能改造外部性无法内部化，Q_1 将趋向于向 Q_2 移动，从而导致部分市场失灵，抑制节能实施主体参与节能改造的积极性。

3.3.2　从效益角度考察

假定居住建筑节能改造市场由外部性供体与受体两者组成，则外部性供体的效用函数为

$$U=U(x_1,\ x_2,\ x_1^*) \tag{3.1}$$

外部性受体效用函数为

$$U^*=U^*(x_1^*,\ x_2^*,\ x_1) \tag{3.2}$$

在具有正外部性的情况下，效用 U 与 U^* 分别是 x_i 与 x_i^* 的函数，其中 x_i 为影响外部性供体效用的因素变量，x_i^* 则为影响外部性受体效用的因素变量。由于外部性的存在及外部性的相互性，影响受体功用的方程中包含着与供体联系紧密的作用要素，同样影响供体功用的方程中也包含着与受体相关的作用因子。

设定外部效益供给向量 $\mu=(\mu_1,\ \mu_2,\ \cdots,\ \mu_n)$ 和 $\mu^*=(\mu_1^*,\ \mu_2^*,\ \cdots,\ \mu_n^*)$，则这个由外部性供体与受体所构成的经济体的竞争均衡为

$$x_1+x_1^*+x_2+x_2^*=\mu+\mu^* \tag{3.3}$$

$$\frac{\frac{\partial U}{\partial x_1}}{\frac{\partial U}{\partial x_2}}=1,\quad \frac{\frac{\partial U^*}{\partial x_1^*}}{\frac{\partial U^*}{\partial x_2^*}}=1 \tag{3.4}$$

在竞争均衡的情况下，无论是正外部性的供体还是受体，从居住建筑节能改造过程中得到的个体效益比率与私人费用比率相等，外部性没有直接在均衡方程式（3.3）和式（3.4）中出现。假设保持供体效用不变，使外部性受体效用最大化，即 $\max U^*(x_1^*,\ x_2^*,\ x_1)$。为求得帕累托优化匹配的集合，可以在以下限定条件之下求得结果，限定条件为 $U(x_1,\ x_2,\ x_1^*)\geqslant\vec{U}$ 与 $\mu+\mu^*-x_1-x_1^*-x_2-x_2^*\geqslant0$，前者表示外部性供体的效用应至少不小于行业平均水平，并在此范

围内取值，后者表示正外部性的存在。外部性借助效用这一媒介对资源的配置产生影响，在不考虑外部性的情况下，当节能改造实施者与消费者的边际替代率相等时，达到资源配置的最优状态[116]。而在正外部性存在的情况下，节能改造实施者与消费者的边际替代率均高出市场机制所匹配的水平。节能改造的外部性使得节能服务企业、居民、物业公司等个体对于节能改造成果的评价与社会对其评价产生偏离，也就是说，市场机制配置资源的结果并不是帕累托最优，节能改造的正外部性导致消费节能改造成果的需求比供给多。由此可见，节能改造具有显著的正外部性，导致节能改造实施主体基于其自身财务收益考虑的最佳供应量与社会期望的最佳供应量有所差距。此时，如果节能改造实施主体按照社会最佳供应量进行节能改造，将会导致自身亏损；如果按照自身最佳供应量实施节能改造，则会导致节能改造供应量不足，资源配置无法达到帕累托最优。

3.3.3　不同改造模式下的外部性后果

1. 政府主导、居民参与模式

在政府主导、居民参与模式条件下，节能改造出资主体为政府与居民，即外部性供体。政府与居民除享受到诸如节能减排、提升热舒适水平等内部效益外，还会获得诸如减少热源重复投资、减少电力负荷调峰压力、减少物业维修与运营费用等额外效益，而这部分效益的受益者并没有向政府与居民支付费用，由此产生了外部性。外部性的存在，使得政府与居民实施改造行为的边际个体效益小于边际社会效益，导致居民参与节能改造的积极性降低，政府推动节能改造的动力不足，使得节能改造有效供给不足。

2. 供热企业投资改造模式

供热企业主导实施居住建筑节能改造，其自身除可享受诸如提升管网使用效率、减少管网运营成本、减少热源重复投资等内部效益外，还能为居民、其他主体乃至社会带来额外效益。外部性的存在使得作为外部性供体的供热企业与外部性受体的边际替代率均高出市场机制所匹配的水平，使其对于节能改造的评估与社会评估产生差异，导致资源配置无法达到帕累托最优，抑制供热企业主导节能改造的积极性。采取一定手段将外部性内部化，如政府给予一定财政补贴或允许提高居民采暖收费等，将有助于这种模式向更为有效的方向发展。

3. 房地产及物业公司投资改造模式

在房地产市场集中度日益提高、房企竞争越来越激烈的条件下，一些大中型房地产企业基于延伸产业链、提升品牌形象的考量，开始成立或收购物业公司，对自身所开发的项目进行规范化管理。以房地产或物业公司作为投资主体，对在管项目实施节能改造，是现阶段无法实施热计量同步改造的社区推进节能改造的一种有效模式，房地产企业或物业公司出资实施节能改造，一方面可降低在管社区物业运营成本，在一定程度上提高物业服务水平；另一方面，也可通过适当提高物业费的形式，将一部分外部性内部化。因此，房地产或物业公司有实施在管社区节能改造的潜在动力，在一定程度上，市场机制在此种模式下起到了合理配置资源的作用，但仍有一部分外部性需要通过一定手段内部化，如节能减排为供热企业等主体带来额外效益，否则仍将会抑制房地产或物业公司实施节能改造的能动性。

3.4　居住建筑节能改造外部性内部化

外部性的存在使经济主体与最有效的生产状态发生偏离，市场机制不能实现其资源配置优化的基本功能，解决外部性的基本思路是让外部性内部化[117]。通过合理的制度安排将社会效益（成本）与个体效益（成本）相互等同。典型的手段是发放补贴及征收税收、推进相关利益主体归并、产权明晰化等。

3.4.1　节能改造外部性内部化的前提条件

1. 产权条件

外部性问题从本质上讲是因产权相互交叉引起利益冲突而产生的，在产权互相交叉的部分形成了公共区域，构成了公共产权，消除或减轻外部性的关键一点是对公共产权进行合理区分，使其明晰化。居住建筑节能改造外部性消除，其前提条件之一是外部性产权的明晰化，因为产权是交易的前提条件，而交易的达成可以使资源在组织内部与组织之间达到最优利用。

对节能改造正外部性的产权界定并不容易，但其中多数是指向某个特定地区的。对节能改造正外部性产权进行界定，可从微观到宏观的方向逐步分层次地使之明晰化。微观方面可以以所在社区居民为对象，中观层面主要以所在区域价值提升为对象，宏观层面则主要以作为社会代理人的政府为对象实施鉴别。有些正外部性的产权和受体是比较容易界定的，如功能外部性，其受益人主要为所在社区的居民，有些则难以界定，需要繁杂系统地进行求证。总之，解决外部性产权问题的思路如下：先解决产权较为明晰的外部性，产权难以界定的外部效益可通过利益主体合并、产权形式创新等方式予以解决[117]。

2. 量化条件

居住建筑节能改造外部性内部化，无论是基于政府调控的补偿、税费减免，还是基于市场化的产权交易，如节能量的交易，都需要对外部性进行合理估价。外部性内部化首先要承认外部性效益是有其价值的[117]。在居住建筑节能改造过程中，有一部分凝聚了人类劳动，而另外一部分，如节能减排的效益，虽然没有直接凝聚人类劳动，但仍然具有价值。在这个意义上，就需要对节能改造所产生外部性的总量及其分量有较为明确的量化，量化的结果应能得到外部性受体的认可。

3.4.2 节能改造外部性内部化的经济原理

在存在正外部性，且没有采取有效措施对其进行内部化的情况下，节能改造实施主体实施节能改造行为，其个体成本往往大于个体效益，社会效益往往大于个体效益，从整个社会角度衡量，节能改造行为无疑是有益的，但节能改造实施主体作为个体是无法承受的[117]。显而易见，正外部性的存在，使资源不能有效配置，优化配置无法实现，还存在帕累托改进的空间[117]。居住建筑节能改造外部性内部化的基本途径是让正外部性的受体根据其得到的额外福利向外部性供体返还一定效益，以补偿外部性供体的损失。

在图 3.7 中，MC 为实施主体进行节能改造行为的边际成本曲线，MR 是其边际效益曲线，两条曲线的交点 E，其对应的均衡产量为 Q_1，将视角从个体扩展到整个社会，从图 3.7 中可以看出，社会边际效益曲线 MSR 与边际成本曲线

MC 的交点 F 决定了均衡产量 Q_2。Q_2 大于 Q_1，社会总效益大于个体损失，社会净效益提升[117]。受益主体应采取返还部分效益的方式补偿作为外部性供体的节能改造实施主体，以弥补其由于增加节能改造量而扩大的损失。通过有效措施使节能改造的成本降低，促使边际成本曲线由 MC 向 MC_1 移动，可使节能改造实施主体有更强的动机实施节能改造行为。在图 3.7 中，移动了的边际成本曲线 MC_1 与边际个体效益曲线 MR 的交点 G，其所对应的均衡产量 Q_2 与 F 点所对应的均衡产量一致，此时资源配置达到最优水平，帕累托最优达成[117]。

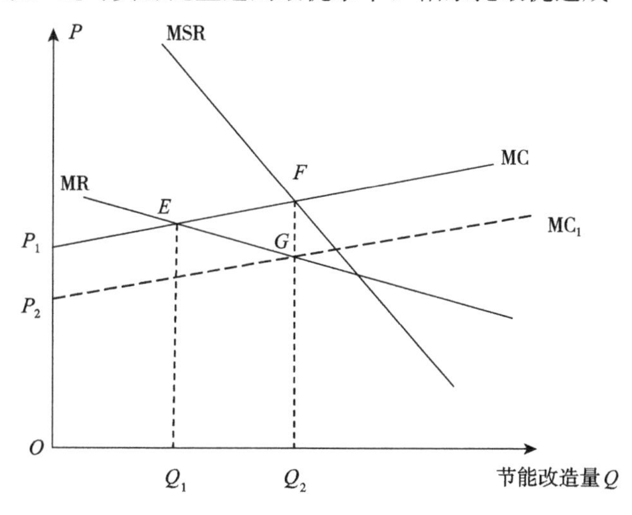

图 3.7　节能改造外部性内部化的经济原理

3.4.3　外部性内部化可采取的具体措施

1. 调动节能改造实施主体的的能动性

节能服务企业是居住建筑节能改造的参与主体之一，虽然其不是节能改造的决策者，但是节能改造的实施者与经营者，是居住建筑节能改造外部性供体之一。政府作为社会全体居民的代言人，应承担节能改造相应费用，采取系统的税费减免及补贴措施，激发和带动节能服务企业等实施主体的能动性。对于满足预定要求的居住建筑节能改造项目，通过税收减免、政策性贷款、贴息等倾向性措施，在节能服务企业设立、生存及发展方面为它们提供适当便利条件，鼓励居住建筑节能改造技术及管理上的创新。既有商品住宅节能改造外部性内部化思路如

图 3.8 所示。

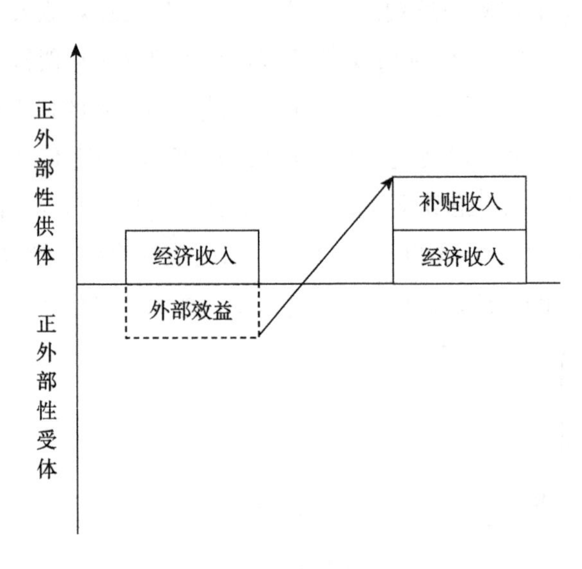

图 3.8 既有商品住宅节能改造外部性内部化思路

→表示补贴过程

2. 提高居民配合居住建筑节能改造的主动性

居民是住宅的产权人，是节能改造成果的主要受益主体之一，同时还是节能改造的决策主体之一，没有居民的主动参与与配合，节能改造就很难达到预定目标。让更多的居民主动参与居住建筑节能改造，是消除或减轻外部性的根本所在。政府可尝试对居民进行补贴，采用正向激励手段，使居民参与配合节能改造的外部性反映在货币价值层面；还可通过诸如对居民使用不节能住宅课税等负向激励手段，提高居民参与节能改造的积极性与主动性。

第 4 章

居住建筑节能改造外部性量化研究

4.1 外部性量化的思路与方法

外部性量化是一个较为复杂的系统性难题，外部性量化的基本思路主要包括基于外部性概念的计量、基于产品数量与价格的计量以及基于外部性行为主体净收益的计量等。外部性量化的基本方法主要有投入-产出法、特征价格法、条件价值法等。外部性量化具体内容主要包括费用与效益分析框架的建立、外部效益或外部费用的辨识与估算等。

4.1.1 外部性量化基本思路评述

1. 基于外部性概念的计量

在完全竞争型市场条件下，若要达到帕累托最优标准，即资源配置的最优状态，其条件如下：社会边际收益与个体边际收益或者社会边际成本与个体边际成本一致，此时社会福利达到峰值[118]。换句话说，在完全竞争情况下，边际费用与市场价格相等是达到帕累托最优的前提，外部性的存在使得市场部分失灵，无法达到资源有效配置，致使边际社会效益与边际个人效益发生偏离[118]。

在居住建筑节能改造过程中，节能改造实施主体在获取自身效益的同时，也会给诸多外部性受体带来额外福利，如建筑能耗指标有效降低、有害气体减排效益明显提高、建筑物外观明显改善等。但这种好处既没有计入节能改造实施主体的收益，也没有计入外部性受体的成本。

显然，居住建筑节能改造成果的真正实际效益应为边际社会效益，其中既应该包括节能改造实施主体获取的收益，即节能改造外部性供体的边际私人效益，也应该包括给外部性受体带来的诸多额外福利，即边际外部效益。在这里，居住建筑节能改造项目的外部性就等于边际社会效益与边际个体效益的差值。

这种外部性量化基本思路在经济领域应用较为广泛，但在以项目为基本单位的居住建筑节能改造微观领域，其应用尚存在一定困难，主要表现在以下两个方面：第一，边际社会效益或边际社会成本的确定存在一定困难[118]；第二，该思路主要适用于宏观层面的系统性整体描述，而对以项目为主要单位的节能改造微观描述则需要更明晰的界定和计量。

2. 基于产品数量与价格的计量

科斯定理表明，只要明确了外部性的产权归属，外部性供体与受体之间就会通过讨价还价的市场方式自行解决外部性问题[110]。在这个过程中，将会产生相应的购买成本，就算交易成本为零，外部性权利转移也会产生一定的购买费用。这种费用反映了外部性的价格以及外部性的价值，所以购买外部性的费用可以用来计量外部性价值，但是外部性最重要的特征是其游离于市场机制之外，市场机制很难或根本不能为外部性匹配价格。换句话说，是市场失灵本身导致了外部性的产生和存在，市场定价模式以及资源配置方式在外部性交易中不能产生作用[69]。

虽然在现有价格体系中难以对外部性的价值进行量化，但是经济学家还是将注意力放到了受外部性间接作用的商品上，因为外部性的存在会使商品数量规模发生改变，在通常情况下这是能够被察觉到的，可通过商品规模的变化间接推导外部性价值。

3. 基于外部性行为主体净收益的计量

谚语“无利不起早”非常恰当地描述了人们在实施某一经济行为时对于其结果的预期与判断。在经济主体实施经济行为时，它会对该行为所引致的收入 R、费用 C 以及由此形成的净收益 $N=R-C$ 进行基本判断。假定某经济行为 A 所

导致的外部性为 $\sum E_i$，外部性 $\sum E_i$ 是一个集合，由许多类型的外部性组合而成，在考虑外部性的情况下，社会净收益 N_s 应记为

$$N_s = R - C + \sum E_i \tag{4.1}$$

行为主体在实施经济行为时，首要关心的是自身净收益 N_s，而净收益与收入 R、成本 C 直接相关，关注 $\sum E_i$ 是在经济行为产生结果之后的事情[69]。当经济行为产生一定效果后，行为主体自身有可能会意识到自身行为给他人带来了福利或者损失，同时外部性受体也有可能主动向行为主体（外部性供体）返还收益或索取赔偿。就外部性供体而言，其对经济行为所产生效果的关注度依次为自身净收益＞正外部性＞负外部性，而外部性受体则会首先关注行为是否对自身产生了负外部性，其次才会是正外部性，而外部性供体的净收益则一般不在其考虑范围之内。在对外部性进行量化时，可以假定外部性产权归属，但并不确定产权人是否愿意消费或者维护这种权利。对于外部性供体而言，无论其是否拥有外部性的产权，其首要关心的仍然是自身利益最大化，而对于外部性的正负及受体的感受并不是十分在意。

4.1.2　相关方法在外部性量化中的运用

对外部性进行量化实际上是对物品的非市场价值进行度量，即该物品的价值不能通过市场交易以价格的形式直接表现，需要采用相关方法进行显化和量化。相关方法在外部性量化中的应用见表 4.1。

表 4.1　相关方法在外部性量化中的应用

外部性量化方法	概述
投入产出法	投入产出法是研究宏观经济或微观经济系统中各子系统之间互相联系、互相依存的数量经济分析方法，通过制作投入-产出表单，构建投入产出分析模型，从而解析和探索各子系统间的投入与产出关系[119]。可用于衡量国民经济各部门间的联系，如度量建筑节能行业对相关产业的拉动作用等[119]
特征价格法	特征价格法认为产品或服务的价格由其各特征的隐含价格加总构成，通过多元回归方法，将外部性隐含特征价值逐一显化，线性函数、线性-对数函数、对数-线性函数与 Box-Cox 函数，是特征价格函数最为常用的四种形式[120]。特征价格法可被应用于住宅价值的度量[120]

续表

外部性量化方法	概述
条件价值法	条件价值法是支付意愿法的一种具体运用，被广泛应用于环境等非市场价值的量化与估算，该方法以效用最大化为基本原则，通过实地调查获取受益群体的支付意愿或受损群体的受偿意愿，以此方式对非市场价值进行预估和测算，条件价值法对于评估各种“公共产品”与“环境产品或服务”的相关效益具有较强的适用性[121,122]

4.2 效益及外部性量化的目的、原则、假定及模式

4.2.1 节能改造效益及外部性量化的目的

1. 节能改造效益及外部性量化的总体目的

外部性量化的总体目的与实施居住建筑节能改造的总体目的是一致的。对外部性进行量化，有助于支持节能改造工作的有效开展，从而降低能源消耗水平，提升居住建筑的居住功能，提高社区居民的环境保护意识，实现“十二五”既有建筑节能改造目标要求及节能总体目标，有效降低气体污染物排放水平，同时有助于提升区域形象、拉动宏观经济及节能相关业态进步，维护社会和谐稳定。

2. 节能改造效益及外部性量化的具体目的

1）为各参与主体提供决策支持

居住建筑节能改造参与主体主要有政府（中央政府、地方政府）、节能服务企业、居民、供热企业、供电企业、物业公司等。各参与主体利益诉求不同、行为方式不同，造成决策方式和效率各有不同。对节能改造所导致的外部性进行量化，有助于各参与主体之间清楚认识自身及其他主体获益状况，促进信息传递对称化，使参与各方深入了解对方在各种选择下获得的收益情况，从而促进决策方式的转变和决策效率的提升。

2）为节能改造外部性内部化提供基础性资料

外部性的存在导致资源配置效率低下，导致居住建筑节能改造部分市场失灵，使得节能改造实施主体参与节能改造的意愿有所降低，在相应水平上消除或减轻外

部性的存在是解决以上问题的关键。减轻或者消除正外部性的一般方法是正外部性受体向正外部性供体返还一定比例的额外收益，以弥补外部性供体的额外付出，促进其实施节能改造的主观能动性。外部性的内化需要重点破解两个层次的难题，首先是产权明晰化，其次是如何计量。外部性量化过程的实质是外部性产权逐渐明晰，使其价值以货币形式反映出来。对节能改造全寿命周期费用本着“谁收益、谁分担”的原则进行合理分摊，建立有效合理的费用分摊机制，将节能改造外部性内部化，就迫切需要外部性量化工作为其提供技术支持与基础性资料。

4.2.2　节能改造效益及外部性量化的原则

尽管节能改造外部性量化工作具有一定难度，并且受诸多因素的影响。但世界上任何事物都是有规律可循的。节能改造外部性量化也同样具有规律性。设置外部性量化原则，其目的是将这些规律尽可能地付诸文字，在进行外部性量化时形成对于外部性效益、费用认识的一致性，使量化结果在一定程度上避免主观性，从而使其更具科学性、实用性，更能经受住实践的检验。

1. 替代原则

在市场中，消费者购买产品或者服务的实质是通过等价交换实现某种效用，如果若干产品或服务具有相同或类似的效用，可以同时满足消费者的需求，则这几种产品或服务是具有替代效应的，它们的价格也是有替代意义的，效用相同或相似，其价格便可相互替代[123]。替代原则被广泛应用于土地估价、房地产估价领域，其对于外部性量化的意义在于，多数外部性无法通过市场衡量其真实价格，但其效用可以用市场中某些商品或服务替代，则这种商品或服务的价格，应被认为与外部性的价值具有相互替代性。

2. 支付意愿原则

所谓支付意愿，是指经济主体获取某种利于自身的效用时所愿意付出的代价，是经济主体对此种效用价值的预估，具有一定的主观性。该原则一般包括以下两个方面：一是对于产品或者服务改善的支付意愿，二是对于福利损失愿意接受的赔偿意愿[124]。在居住建筑节能改造外部性量化过程中，支付意愿可以作为调查工具，对无法采用市场机制或替代原则的情况进行外部性评估。

3. 过程与动态量化原则

由市场机制定价的产品或服务，可以在投入生产或消费时就能较为准确地估算出其价值，但外部性价值的产生是过程行为与结果的综合体。一方面，需在前期准备、改造实施以及维保运营过程中，对外部性的产生、消费等特征予以观察确认；另一方面，外部性价值具有一定的滞后性，其某些特性信息并不能直接获取，具有一定隐蔽性。因此，外部性量化成果需要根据过程与成果及时反馈，动态调整。

4. 分层量化原则

外部性价值的构成具有层次性。第一层次是指外部性可由现有外部性量化方法直接量化，即利用市场上已有的价格信息，如临近拟改造社区的房地产价格，当地煤炭、电力价格，当地就业人口平均工资等进行量化。第二层次是指那些尽管不能直接由市场机制予以量化，但适用替代性原则或利用已有量化方法、模型予以量化的外部性。第三层次则是利用现有量化方法、模型也无法进行量化的外部性，该层次外部性的价值可以通过调查、走访，按照支付意愿或者受偿意愿原则予以揭示。

5. 实价计算现值度量

实价是以基年价格水平表示的，只反映相对价格变动影响的价格，不考虑物价总水平变动带来的影响[125]。外部性量化原则上采用实价体系，因为该体系将经济周期及通胀因素对于价格或价值的影响降到了最低水平，使效益与外部性价值能够最大限度地得到客观反映与显示。节能改造外部性价值现值计量是指外部性按照节能改造项目从开始准备，到改造实施、维保运营，再到拆除处置所产生的未来外部净收益的折现金额计量。节能改造外部性的实质是对于外部性受体的额外收益，以货币为尺度，按照市场或非市场方法将其量化，必须充分考虑资本的时间价值。

6. 项目“有无对比”原则

居住建筑节能改造从微观上讲属于改扩建项目，在效益、费用识别方面适用且必须遵循“有无对比”原则。对于节能改造而言，“有项目”状态是指拟改造居住建筑从决策开展实施节能改造后，其效益与外部性的增量情况，即由节能改造引致的新增效益及外部性的变化情况。“无项目”状态是指维持原有项目状态，这时一般不会有增量效益产生。该原则认为，“有项目”“无项目”状态间的变化值才是实施节能改造而增加的效益、外部性和费用，即增量效益、外部性和增量费用[126]。

4.2.3　节能改造效益与外部性量化的假定

1. 外部性供体与受体假定

居住建筑节能改造的外部性大部分不能通过市场交易反映出来，这就要求更注重经济主体的行为特征，而识别行为特征的前提就是明确外部性的供体与受体。供体与受体假设是居住建筑节能改造外部性量化的基石，其作用在于：界定外部性量化所应处理的交易、事项的时空范围，规定外部性量化工作的内容与边界。

节能改造外部性供体是指在居住建筑节能改造过程中向外部提供额外福利（损失）的经济主体。节能改造外部性受体是指在居住建筑节能改造过程中额外获取福利（损失）的经济主体。

在我国，住宅产权分散，同一建筑内存在多个业主，节能改造决策主体、参与主体众多，协调难度较大。在已有节能改造成功案例中，多是采用政府引导、多主体参与实施的节能改造管理模式，在实际操作中，既有政府为主、居民等其他主体为辅的模式，也有供热企业为主、其他主体为辅的模式，尽管节能改造模式多样，但万变不离其宗，只要节能改造方案确定，节能改造外部性供体即可确定。在外部性量化研究中，当假定某一参与主体作为外部性供体后，该参与主体之外的效益即被认为是相对于该主体的外部性。

2. 正外部性假定

任何事物均有正反两个方面。居住建筑节能改造所引致的外部性也不例外，尽管其主要部分为外部效益，但不可否认的是，节能改造项目的建设实施、维保运营也会产生一定的负外部性，例如，建设过程中可能会产生噪声、烟尘等，从而对周边环境造成一定程度的污染。节能改造可能会影响原有居民的正常生活。但是，这些负外部性与节能改造所引致的正外部性相比，影响较小且易于解决。因此，在进行外部性量化工作时，忽略节能改造所导致的负外部性，只对正外部性进行考量。

3. 效益与外部性价值假设

马克思在其劳动价值理论中指出：劳动创造了一切形式的价值，决定市场价格的根本因素是凝结在价值中的无差别劳动[127]。这种劳动既是实实在在的以具体形式体现的劳动，如居住建筑节能改造本身就是具体形式的劳动，也是抽象和虚拟的劳动，正是这种无差别的劳动使得具有不同使用价值的各种商品能够在同一个平台上以统一的标准进行衡量、估值与交易。市场交易的本质是经济主体间无差别劳动的相互交换，也正是这种无差别的劳动，形成了商品的价值[127]。

劳动价值理论从产生的过程对价值进行了论述，而效用价值理论则从另一角度，即从对效用的主观评价角度对价值进行了阐述：商品具有一种满足人们主观欲望的能力，即效用。效用就是决定价值的最后力量。但是，效用本身具有强烈的主观性，只有边际效用才能决定物品的价值。

以上两种理论从价值产生过程及结果论述了价值的内涵。节能改造行为凝结了人类的一般劳动，因此按照劳动价值理论，节能改造行为是有其价值的，由此引致的外部效益，是其价值的一部分；从节能改造成果的角度分析，外部效益本身就是一种效用，能够满足人们的某些主观欲望，因此是有价值的。承认外部性的价值，是对其进行量化的基础。如果外部性没有任何价值，那么量化就无从谈起。

4. 货币计量假设

货币计量假设是指外部性量化的最终结果都需要而且能够以货币形式进行展现。一部分外部性价值可以通过市场方法直接用货币计量，另一部分外部性价值则无法直接在市场中通过交易达成价格，但是可以根据替代原则、支付意愿原则等对其进行界定，最终也需要量化为货币形式的价格。

5. 所增加建筑面积的假设

前文界定了“增加建筑面积”作为节能改造外部性表现之一。对于功能外部性来说，由于房地产价格数额较大，此功能所带来的效益较为明显，并且易于量化。但在节能改造所引致的节能减排外部性中，建筑面积只作为计算建筑物耗热量的一个参数，其变化不会对建筑物耗热量指标产生决定性影响，因此在对节能减排外部性进行量化过程中，对所增加的建筑面积不予考虑。

4.2.4　节能改造外部性量化的基本体系

1. 供体与受体相互脱离的量化体系

居住建筑节能改造是市场机制部分失灵的领域，其改造成果属于一种准公共物品，具有明显的正外部性，但其产生的效益并非全部属于外部效益[128]。根据一般外部性的概念，只有被居住建筑节能改造外部性供体之外享受到的效益部分才属于居住建筑节能改造的外部性范畴。通过对供体与受体进行基本界定，尽管节能服务企业也是居住建筑节能改造的参与主体，并且从中获取了相应利益，但其并不作为外部性受体存在。因此，在供体与受体相互脱离的量化体系下，居住建筑节能改造外部性主要是指外部性受体（居民、政府、供电企业、供热企业、物业公司等）基于节能改造项目实施所带来的效益。

2. 供体与受体相互融合的量化体系

供体与受体相互融合的量化体系认为，所有参与主体既是节能改造所引致外部性供体，也是居住建筑节能改造外部性受体。因此，居住建筑节能改造外部性是指节能改造项目参与主体基于居住建筑节能改造实施而获取或消费的效益。

在供体与受体相互脱离的量化体系条件下，居住建筑节能改造总体效益大于外部效益；供体与受体相互融合的量化体系下，居住建筑节能改造外部效益与总体效益相等。本部分研究拟采用供体与受体分离模式，采用此模式对外部性进行量化更接近真实状态；也有利于外部性内部化措施、费用分摊机制的建立与实施。

4.3　节能改造效益与外部性量化指标体系

4.3.1　节能改造效益指标选取原则

1. 全面性

选取的指标覆盖面应能达到一定的广度，应能反映外部性类型的全部方面，反映代表外部性各因素在层次与属性方面的特征。各指标选取应该力求做到既能反映外部性的定量特征，也能反映外部性的定性特征。此外，还应注意外部性隐含特征的反映与表达问题。

2. 层次性与系统性

外部性价值构成体系具有层次性与系统性。与此对应，指标体系的建立也应具有以上两方面的特性。在进行量化指标的选取时，应充分考虑这方面的问题。根据各类型外部性的内容及特征，将其细分为旨在反映外部性类型层面的各特征因素，因素层面的外部性又可通过利用各自的指标，采用相关方法予以量化。指标体系应能有效、合理地揭示与反映效益的本质和特征。

3. 指标细化的适当性

为了系统、深入地反映和量化外部性价值，选取指标应细分到一定程度。指标划分太粗就不容易揭示外部性的本质，划分太细则有可能让量化结果失真。

4. 数据可得性

对于居住建筑节能改造来说，搜集数据的方法主要包括技术资料分析法、访谈法、问卷法等。设立指标时应尽量避免“空中楼阁”情况的出现，指标变量必须得到数据的有力支撑。应确保获得完整的数据资料，并且保证这些数据资料具有可靠性、准确性。

4.3.2　节能改造效益及外部性量化具体指标

1. 功能效益量化指标体系

功能效益量化主要指标见表 4.2。

表 4.2　功能效益量化主要指标

名称	符号	单位	备注
节能改造后冬季温度提升值	$n_{冬}$	℃	可通过调研得到
节能改造后夏季温度降低值	$n_{夏}$	℃	

续表

名称	符号	单位	备注
空调制热输入功率	$P_{热}$	瓦	采用市场上常用空调参数
空调制冷输入功率	$P_{冷}$	瓦	
冬季采暖天数	$Z_{暖}$	天	参考规范
夏季空调制冷天数	$Z_{冷}$	天	调研数据
居民用电单位价格	$\mathrm{Pr}_{电}$	元/千瓦时	—
空调全年节电量	$S_{电}$	千瓦时	—
提升热舒适度效益值	$B_{功热}$	元	—
新增面积单价	$\mathrm{Pr}_{房}$	元/平方米	采用市场比较法
新增建筑面积	ΔA	平方米	—
增加建筑面积效益值	$B_{功增}$	元	—

2. 环境效益量化指标体系

环境效益量化主要指标见表 4.3。

表 4.3　环境效益量化主要指标

名称	符号	单位	备注
建筑物耗热量指标	Q_H	瓦/平方米	分别以下标“前、后”区分节能改造前后对应的指标值
外墙传热量指标	Q_{Hq}	瓦/平方米	
屋面传热量指标	Q_{Hw}	瓦/平方米	
门窗传热量指标	Q_{Hmc}	瓦/（平方米·开）	
外墙传热系数	K_{mqi}	瓦/（平方米·开）	
屋面传热系数	K_{wi}	瓦/（平方米·开）	
门窗传热系数	K_{mci}	瓦/（平方米·开）	
年采暖煤炭消耗节省量	ΔQ_c	千克	
标煤热值	H_C	瓦·时/千克	8.14×10^3瓦·时/千克
标煤单价	$\mathrm{Pr}_{煤}$	元/千克	—
节能改造后年度围护结构节能效益	$B_{环节围}$	元	—
循环水泵提升效率（热源、热交换站）	$\Delta\eta_3$	%	以下标区分热源、热交换站
改造后热源或热交换站年节能效益	$B_{环节热i}$	元	

续表

名称	符号	单位	备注
节能改造前室内采暖系统采暖效率	$\eta_{4\text{前}i}$	%	—
节能改造后室内采暖系统采暖效率	$\eta_{4\text{后}i}$	%	
改造后室内采暖系统年度节能效益	$B_{\text{环节网}I}$	元	
改造后年度减排效益	$B_{\text{环减}i}$	元	—

3. 社会效益量化指标体系

社会效益量化主要指标见表4.4。

表4.4 社会效益量化主要指标

名称	符号	单位	备注
节能改造后区域房价提升值	$\Delta\text{Pr}_{\text{房}}$	元/平方米	该值应消除通货膨胀及房价周期性增长带来的影响
节能改造前住宅建筑面积	A_0	平方米	—
提升区域价值效益	$B_{\text{社区}}$	元	—
项目建设期年投资规模	I	亿元	—
当地年最低生活保障额	L	元	—
建设期年度增加就业效益	$B_{\text{就业}}$	元	—

4. 经济效益量化指标体系

经济效益量化主要指标见表4.5。

表4.5 经济效益量化主要指标

名称	符号	单位	备注
影响力值	F_j	—	取3.484
影响力系数	f_j	—	取1.130
项目建设期内年增加值	VA	元	可根据年投资额与建筑业增加值率相乘估算
年度拉动相关产业发展效益	$B_{\text{经产}}$	元	—
当地住宅建筑平均能耗	$\bar{Q}_H$	瓦/平方米	—
因节能改造可折算的供热面积	A_1	平方米	—
单位供热面积热源建设费	$C_{\text{热}}$	元/平方米	—

续表

名称	符号	单位	备注
减少热源重复建设效益值	$B_{经热}$	元	—
减少物业维修费用年效益值	$B_{经物}$	元	—

4.4　居住建筑节能改造效益量化模型

4.4.1　节能改造功能效益量化模型

1. 热舒适度提升效益

如前所述，热舒适度主要与室内温度、湿度有关。根据调研，居住建筑节能改造可在冬季有效提升室内温度，夏季可有效抵御室外高温，起到冬季保温、夏季防暑的效果。调研表明，节能改造对于室内相对湿度提升效果有限，对此予以忽略。热舒适度的提升，不能直接通过交易获取其价值，但可依据替代原则，在效用相似的前提下寻找替代品，用替代品的价格表征热舒适度提升的价值。

对于节能改造而言，热舒适度提升的效用主要有冬季室内温度的提升和夏季室内温度的降低，根据“有无对比”原则及替代原则，如果不实施节能改造，也可使用空调达到此种效用。那么就可认为使用空调达到此种效果所消耗的电费是热舒适度提升效益的价值量。输入功率是空调设备最为重要的指标之一，与空调耗电量密切相关，是决定耗电量的直接因素。热舒适度提升效益计算公式可表示为

$$B_{功热}=\left[\frac{P_{热}-P_{热}(1-f)^{n_{冬}}}{1\,000}\cdot H\cdot Z_{暖}+\frac{P_{冷}-P_{冷}(1-f)^{n_{夏}}}{1\,000}\cdot H'\cdot Z_{冷}\right]\cdot \mathrm{Pr}_{电} \tag{4.2}$$

其中，$n_{冬}$为节能改造后冬季采暖期可提高温度（℃）；$n_{夏}$为节能改造后夏季空调使用期室内温度降低的温度（℃）[129]；$P_{热}$为家庭常用空调制热输入功率（瓦）；$P_{冷}$为家庭常用空调制冷输入功率（瓦）；f 为每提高或降低 1℃降低功耗（%）；$Z_{暖}$为当地冬季采暖天数（天）；$Z_{冷}$为当地夏季空调平均制冷天数（天）；H 为居

民冬季每天平均使用空调时间（小时）；H'为居民夏季每天平均使用空调时间（小时）；$Pr_{电}$为当地居民电价（元/千瓦时）。

2. 建筑面积增加效益

对于在围护结构外贴建、加建所增加的建筑面积，可以根据市场比较法估算其市场价格。市场比较法是指将估价对象与估价时点近期有过交易的类似房地产进行比较，对这些类似房地产的已知价格做适当的修正，以此估算估价对象的客观合理价格或价值的方法[123]。将市场价格与所增加的建筑面积相乘，即可估算该项效益。

$$B_{功增} = Pr_{房} \times \Delta A \tag{4.3}$$

其中，$B_{功增}$为建筑面积增加所产生的效益（元）；$Pr_{房}$为相似房地产市场价格（元/平方米）；ΔA 为由于节能改造而增加的建筑面积（平方米）。

4.4.2　节能改造节能效益量化模型

1. 围护结构节约能源效益

根据《严寒和寒冷地区居住建筑节能设计标准》（JGJ26—2010）要求，居住建筑的建筑物耗热量指标按照式（4.4）计算[129]。

$$Q_H = Q_{HT} + Q_{INF} - Q_{IH} \tag{4.4}$$

其中，Q_H 为建筑物耗热量指标（瓦/平方米）[129]；Q_{HT}为单位建筑面积单位时间内通过围护结构的传热量（瓦/平方米）[129]；Q_{INF}为单位建筑面积上单位时间内建筑空气渗透耗热量（瓦/平方米）[129]；Q_{IH}为单位建筑面积上单位时间内建筑内部的热量，取 3.8 瓦/平方米[129]。

在式（4.4）中，Q_{INF}指标主要与换气体积有关，该指标在节能改造前后并无明显变化，因此在建立围护结构节能效益模型时，不予考虑。最为重要的指标是Q_{HT}，围护结构主要包括墙体、屋面、地面、门窗、非采暖封闭阳台等，其中节能改造前后传热系数、受热面积等指标变化较大的有墙体、屋面、门窗。则可得到简化公式，表示为

$$Q_{HT} = Q_{Hq} + Q_{Hw} + Q_{Hmc} \tag{4.5}$$

其中，Q_{Hq}为折合单位建筑面积单位时间内通过外墙的传热量（瓦/平方米）[129]；

Q_{Hw}为折合单位建筑面积单位时间内通过屋面的传热量（瓦/平方米）[129]；Q_{Hmc}为单位建筑面积上单位时间内通过门窗的传热量（瓦/平方米）[129]。

根据《严寒和寒冷地区居住建筑节能设计标准》（JGJ26—2010）中Q_{Hq}、Q_{Hw}与Q_{Hmc}的计算公式，可推导得到实施围护结构节能改造所产生的能源节约量ΔQ_H（瓦/平方米）[129]。

$$\Delta Q_H = \frac{t_n - t_e}{A_0}\left(\xi_q \cdot F_q \cdot \Delta K_{mq} + \xi_w \cdot F_w \cdot \Delta K_w + F_{mc} \cdot \Delta K_c\right) \tag{4.6}$$

其中，t_n为室内计算温度，一般取 18℃；t_e为采暖期室外平均温度（℃），可根据项目所在地区合理确定；A_0为建筑面积（平方米）；ξ_q为外墙传热系数的修正系数；ξ_w为屋面传热系数的修正系数；ΔK_{mq}为外墙平均传热系数［瓦/（平方米·开）］；ΔK_w为屋面平均传热系数［瓦/（平方米·开）］；ΔK_c为外窗（门）平均传热系数［瓦/（平方米·开）］；F_q、F_w、F_{mc}为外墙、屋面、门窗面积（平方米）。

采暖耗煤量指标Q_c（千克/平方米）是指在采暖期室外平均温度条件下，为保持室内计算温度，单位建筑面积在一个采暖期内消耗的标煤量[130]。则年节省采暖耗煤量ΔQ_c（千克）为

$$\begin{aligned} \Delta Q_c &= \frac{24 \times Z_{暖} \times \Delta Q_H}{H_C \times \eta_1 \times \eta_2} \times A_0 \\ B_{环节围} &= \Delta Q_c \mathrm{Pr}_{煤} \end{aligned} \tag{4.7}$$

其中，ΔQ_c为年采暖煤炭消耗节省量（千克标煤）[130]；ΔQ_H为围护结构节能改造所产生的能源节约量（瓦/平方米）[130]；H_C为标煤热值，取8.14×10^3瓦·时/千克[130]；η_1为室外管网输送效率，采取节能措施前后分别取 0.85 和 0.90[130]；η_2为锅炉运行效率，采取节能措施前后分别取 0.55 和 0.68[130]；$\mathrm{Pr}_{煤}$为标煤单位价格（元/千克）[130]；$B_{环节围}$为围护结构年节能效益（元）。

2. 供热热源及供热系统改造节能效益

1）热源及热交换站节能改造效益

热源及热交换站有着相似的特点，其耗能方式主要是对于电能的消耗。两者最为重要且最具节能潜力的设备均为循环水泵。供热系统中热媒流体的流量与压降指标遵循二次幂定律，结合热网具体情况，可得水泵耗电量计算公式为

$$N_{泵}=\frac{k_{网}}{3.6\times10^{6}\times\eta_{3}}\left(\frac{G}{\rho}\right)^{3} \tag{4.8}$$

其中，$N_{泵}$为水泵电耗量（千瓦时）；$k_{网}$为热力管网的阻力特性系数；ρ 为泵送水密度；η_{3}为循环水泵的效率；G 为水泵设计工况下的流量（立方米/小时）。

根据式（4.8），在不考虑一次网、二次网改造的前提下，循环水泵效率每提升 1%，耗电量下降 1%。设定节能改造后循环水泵提升效率为 $\Delta\eta_{3}$，则有热源及热交换站节能改造后年节电效益均可用式（4.9）表示。

$$B_{环节热i}=\sum(N_{泵前i}\times\Delta\eta_{3i})\times \mathrm{Pr}_{工电} \tag{4.9}$$

其中，$B_{环节热i}$为热源或热交换站年节能效益（元）；$N_{泵前i}$为未实施节能改造时，热源或热交换站年耗电量（千瓦时）；$\Delta\eta_{3}$为循环水泵提升效率；$\mathrm{Pr}_{工电}$为当地工业用电单价（元/千瓦时）。

2）室外管网改造节能效益

室外管网以热交换站为界可分为一次网与二次网，《供热计量技术规程》（JGJ173—2009）规定：既有集中供热系统节能改造应优先实行管网的水力平衡[102]。对室外管网进行以降低水力不平衡率为目的的节能改造，变化较大的是供回水温差。室外管网的输配热量 $Q_{外网}$（瓦）、室外管网改造节能效益 $B_{环节外网}$（元）可用式（4.10）和式（4.11）表示。

$$Q_{外网}=c\cdot G\cdot\Delta t_{外网} \tag{4.10}$$

$$B_{环节外网}=\frac{\Delta Q_{外网}}{H_{C}}\cdot 24\cdot Z_{暖}\cdot \mathrm{Pr}_{煤} \tag{4.11}$$

其中，$Q_{外网}$为室外管网的输配热量（瓦）；c 为水的比热容，取 4.2×10^{3} 焦/（千克·摄氏度）；G 为室外管网输配流量（千克/秒）；$\Delta t_{外网}$为室外管网供回水温差（℃）；$B_{环节外网}$为室外管网改造节能效益（元）；$\Delta Q_{外网}$为室外管网改造后节能量（瓦）；H_{C} 为标煤热值，取 8.14×10^{3} 瓦·时/千克；$\mathrm{Pr}_{煤}$为标煤单位价格（元/千克）；$Z_{暖}$为冬季采暖天数（天）。

3）供热计量与室内采暖系统改造节能效益

实施供热量度与住宅温控体系改造，可有效提升住宅采暖体系的采暖效率，设定在节能改造前后，室内采暖系统效率分别为 $\eta_{4前}$、$\eta_{4后}$，则室内采暖系统节能量、效益值分别为

$$\Delta Q_{内网}=\frac{Q_{H}\times A_{0}}{\eta_{4前}}-\frac{Q_{H}\times A_{0}}{\eta_{4后}}$$

$$=\frac{\eta_{4后}-\eta_{4前}}{\eta_{4前}\times\eta_{4后}}\times Q_H\times A_0 \tag{4.12}$$

$$B_{环节网I}=\frac{\Delta Q_{内网}}{H_C}\times 24\times Z_{暖}\times \mathrm{Pr}_{煤} \tag{4.13}$$

其中，$\Delta Q_{内网}$为室内采暖系统节能量（瓦）；$\eta_{4前}$为节能改造前室内采暖系统年平均效率；$\eta_{4后}$为节能改造后室内采暖系统年平均效率；$B_{环节网I}$为室内采暖系统年节能效益（元）。

4.4.3　节能改造减排效益量化模型

从 4.4.2 小节的论述中可以推导出居住建筑节能改造所导致的节煤量、节电量。对其进行汇总，依据表 4.6 可估算出由此减少的有害气体、烟尘的排放量。前述节煤量包括围护结构年度节省采暖耗煤量和一次网、二次网及室内采暖系统节省采暖耗煤量。节电量主要包括热舒适度提升、热源、热交换站效率提升所节约的电能。计算公式如上所述。

表 4.6　大气污染物排放系数表

标煤污染物排放系数（吨/吨标煤）		火力发电大气污染物排放系数（克/千瓦时）	
排放物	排放系数	排放物	排放系数
二氧化硫（SO_2）	0.016 5	二氧化硫（SO_2）	8.03
氮氧化物（NO_x）	0.015 6	氮氧化物（NO_x）	6.90
烟尘颗粒	0.009 6	烟尘颗粒	3.35
二氧化碳（CO_2）	0.67	二氧化碳（CO_2）	1 064.9

我国于“十一五”期间开展排污权有偿使用和交易试点工作，取得了一定的效果[131]。各省市根据自身情况，按照总量控制要求，为氮氧化物、二氧化硫等污染物制定了排放权交易基准价格。主要污染物排放权交易市场成交价格应高于交易基准价。例如，河北省二氧化硫、氮氧化物交易基准价分别为 3 000 元/吨与 4 000 元/吨[131]。二氧化碳与烟尘颗粒尚未纳入污染物总量控制，但二氧化碳交易已在国外有较为成熟的机制，如 EU-ETS（European Union Emission Trading Scheme，即欧盟碳排放交易体系）机制，二氧化碳排放权交易价格约为 1 欧元左右。交易基准价及市场交易价格实际上表示政府或社会主体对于治理污染物的支付意愿。将减少的有害气体、烟尘的排放量与相应排放权交易价格或市场交易价格相乘并汇总，即可得到 $B_{环减i}$ 作为节能改造年度减排效益。

4.4.4 节能改造社会效益量化模型

1. 提升区域形象效益

居住建筑节能改造后，可大幅度提升周边环境水平，提升区域形象的效益可以体现在社区房价的增长上，对此项效益的衡量一方面可以利用特征价格法，将“区域形象提升”这一特征价格予以量化，更具操作性的是，利用市场比较法，对节能改造前后房价变化值予以对比，增长部分即是该部分收益。

$$B_{社区}=A_0\times\Delta Pr_{房} \tag{4.14}$$

其中，$B_{社区}$为提升区域形象的效益值（元）；A_0为节能改造前住宅建筑面积（平方米）；$\Delta Pr_{房}$为节能改造前后住房价格变化值，应消除通货膨胀等的影响。

2. 增加就业人数效益

在微观层面，可将具体的居住建筑节能改造视为投资项目。建筑节能业是建筑业的一个分支，据统计，我国建筑行业就业人数水平一直处于高位运行，2009～2011年每亿元新增固定资产投资平均增加1 550个就业岗位[132]。则因节能改造新增就业岗位可根据投资规模进行估算，增加就业人数效益可采取新增就业岗位与当地最低生活保障金相乘得到。

最低生活保障是指政府为社会中一部分收入低于最低生活保障线的人口提供的一种具有保障性质的现金或实物资助，以保障其基本生活所需，从而维护社会的稳定与和谐[133]。最低生活保障线也即贫困线，对达到贫困线的居民予以补助的做法是世界各国政府的通行做法[133]。节能改造带动就业等于为国家节省这部分支出，从而创造社会效益。

$$B_{就业}=1\,550\times I\times L \tag{4.15}$$

其中，$B_{就业}$为项目建设期内每年增加就业人数带来的效益（元）；I为项目建设期内年投资规模（亿元）；L为当地年最低生活保障金额（元）。

4.4.5 节能改造经济效益量化模型

1. 拉动相关产业发展效益

居住建筑节能改造对于相关产业带动作用主要通过两方面实现，一是对于前向关联产业的影响，二是对于后向关联产业的影响，对相关产业的带动效应可以用影响力或影响力系数来衡量。影响力反映一个产业影响其他产业的波及作用[119]。影响力系数反映的是某一个部门提出一个单位的最终需求对国民经济各部门所产生的需求影响程度，以上指标可用投入产出法求出[119]。

“列昂惕夫逆矩阵”是投入产出法中一个重要概念，又被称为完全需要系数矩阵，它的经济意义如下：增加某一部门单位最终需求时，需要国民经济各个部门提供的生产额是多少，反映的是对各部门直接和间接的诱发效果，之所以称为列昂惕夫逆矩阵，是因为列昂惕夫是投入产出法的创始人[134]。其内容可由式（4.16)表示。

$$C=(C_{ij})_{m\times n}=(I-A)^{-1} \tag{4.16}$$

其中，直接消耗系数矩阵列昂惕夫逆矩阵的元素被称为列昂惕夫逆系数。它表明第 j 个产品部门增加一个单位最终使用时，对第 i 个产品部门的完全需要量[134]。

影响力系数一般用符号 f_j 表示[134]，则

$$f_j=\sum_{i=1}^{n}\bar{b}_{ij}\Big/\frac{1}{n}\sum_{i=1}^{n}\sum_{j=1}^{n}\bar{b}_{ij}(j=1,\ 2,\ \cdots,\ n) \tag{4.17}$$

其中，$\sum_{i=1}^{n}\bar{b}_{ij}$ 为列昂惕夫逆矩阵的第 j 列之和，即影响力 F_j；$\frac{1}{n}\sum_{i=1}^{n}\sum_{j=1}^{n}\bar{b}_{ij}$ 为列昂惕夫逆矩阵列和的平均值。

居住建筑节能改造属于建筑业分支，根据相关数据，可取建筑业影响力值为3.484，表示建筑业增加1个单位产出，将推动国民经济增加3.484个单位；影响力系数为1.130，表明建筑业的发展具有较强的带动效应[135]。

$$B_{经产}=3.484\times \mathrm{VA} \tag{4.18}$$

其中，$B_{经产}$ 为年度拉动相关产业发展效益值（元）；VA为年增加值（元），根据年投资额与建筑业增加值率相乘估算。

2. 减少热源重复投资效益

根据式（4.7)、式（4.9)、式（4.11）和式（4.13)，可得出围护结构节能改造所产生的单位面积能源节约量 ΔQ_H（瓦/平方米)、可得出一次网、二次网、室内管网节能改造后的节能量 $\sum\Delta Q_{网i}$（瓦）。总计节能量达到 $\Delta Q_H\times A_0+\sum\Delta Q_{网i}$，将节能总量与当地住宅建筑平均能耗 $\bar{Q}_H$（瓦/平方米）相除，折算

出可节省的供热面积 A_1，将 A_1 与当地热源建设概算指标，即单位供热面积热源建设费 $C_{热}$ 相乘，即可得到本项效益值 $B_{经热}$，即

$$B_{经热}=\frac{\Delta Q_H\times A_0+\sum \Delta Q_{网i}}{Q_H}\times C_{热} \tag{4.19}$$

3. 减少物业维修及运营费用

按照“有无对比”原则，比较节能改造前、后年维修及运营费用的差异，其减少部分即为此项效益的年度价值 $B_{经物}$。

4.5 居住建筑节能改造外部性量化模型

居住建筑节能改造外部性实质上是节能改造总体效益的一部分，这部分效益由节能改造主要实施主体，即外部性供体的节能改造行为引致，但这部分效益的受益者并不是外部性供体本身，而受益者，即外部性受体并没有因获得额外效益而向节能改造实施主体支付相应费用，由此产生了节能改造的外部性。一般来说，外部性的价值不依赖于现有交易体系而单独存在，无法直接用市场方法进行量化，按照“节能改造外部性价值＝节能改造总效益价值－外部性供体效益”的总体思路，通过指标的合理选取，建立外部性量化模型，达到量化节能改造外部性的目的。

4.5.1 节能改造量化的一般模型

根据前文所述，节能改造的外部性分为环境外部性（$E_{环}$）、社会外部性（$E_{社}$）、功能外部性（$E_{功}$）、经济外部性（$E_{经}$）[61]，则节能改造所引致的总外部性即为

$$E_{总}=E_{功}+E_{环}+E_{社}+E_{经} \tag{4.20}$$

从居住建筑节能改造外部性的概念入手，在各参与主体参与实施的节能改造过程中，各外部性受体获得了额外效益，而这些效益并没有向外部性供体支付费用。可以认为居住建筑节能改造所产生全部效益价值与外部性供体获取效益的差值即为节能改造的外部性价值，在实际计算过程中，还应注意资本时间价值对于

外部性量化的影响，应采用现值计算，将各效益值折算到节能改造项目开始时，即前期准备期第一年年初，节能改造外部性量化可用式（4.21）表示。

$$E_{总}=B_{总}-B_{供} \tag{4.21}$$

其中，$E_{总}$为节能改造的外部性价值；$B_{总}$为节能改造所引致的总效益价值，包括节能改造功能效益、环境效益、社会效益、经济效益等[61]；$B_{供}$为节能改造外部性供体所获取的效益值。

4.5.2　不同改造模式下的外部性量化模型

1. 政府主导、居民参与模式的外部性量化模型

在此种模式下，外部性供体为政府与居民，外部性受体包括供热企业、供电部门与物业公司等，则该模式下外部性量化模型可表示为

$$E'_{总}=B_{总}-（B_{政}+B_{民}）=B_{热}+B_{电}+B_{物} \tag{4.22}$$

其中，$E'_{总}$为此种模式下节能改造的外部性价值；$B_{政}$为节能改造为社会带来的效益价值；$B_{民}$为节能改造为居民带来的效益价值；$B_{热}$为节能改造为供热企业带来的效益价值；$B_{电}$为节能改造为供电部门带来的效益价值；$B_{物}$为节能改造为物业公司带来的效益价值。

2. 供热企业投资改造模式的外部性量化模型

供热企业主导的节能改造模式中，热力供应商是外部性的主要供体，外部性受体主要包括政府（社会）、社区居民、供电部门及物业公司等，则该模式下外部性量化模型可表示为

$$E''_{总}=B_{总}-B_{热}=B_{政}+B_{民}+B_{热}+B_{电}+B_{物} \tag{4.23}$$

其中，$E''_{总}$为此种模式下节能改造的外部性价值；$B_{政}$为节能改造为社会带来的效益价值；$B_{民}$为节能改造为居民带来的效益价值；$B_{热}$为节能改造为供热企业带来的效益价值；$B_{电}$为节能改造为供电部门带来的效益价值；$B_{物}$为节能改造为物业公司带来的效益价值。

3. 房地产及物业公司投资改造模式的外部性量化模型

在该种节能改造模式中，房地产及物业公司是外部性的主要供体。外部性受

体主要包括政府（社会）、社区居民、供热企业、供电部门等。则该模式下外部性量化模型可表示为

$$E'''_{总}=B_{总}-B_{物}=B_{政}+B_{民}+B_{热}+B_{电} \tag{4.24}$$

其中，$E'''_{总}$为此种模式下节能改造的外部性价值；$B_{政}$为节能改造为社会带来的效益价值；$B_{民}$为节能改造为居民带来的效益价值；$B_{热}$为节能改造为供热企业带来的效益价值；$B_{电}$为节能改造为供电部门带来的效益价值；$B_{物}$为节能改造为物业公司带来的效益价值。

第5章

居住建筑节能改造费用分摊模型研究

5.1 居住建筑节能改造参与主体分析

5.1.1 政府

从广义角度分析，政府是拟定和推行相关政策并对社会实施有效管理的公共权力部门，政府以维护社会公共利益为主要目的，它泛指各类拥有公共权力的机关或部门，主要包括立法机构、行政管理部门和司法系统等，有时也包括具有政府相关职能的事业单位。政府在居住建筑节能改造中主要起到引导推动及宏观管理等作用[126]，具体可表现在以下四个方面。

1. 节能改造的宣传与推动

政府是实施居住建筑节能改造的主要宣传者与促进者，政府可利用所掌握的媒体等社会资源积极引导社会舆论，宣传节能改造的意义及效益，营造居民及其他利益相关者积极参与节能改造的良好氛围。各级政府应对节能改造成功范例及时总结，将其成功经验在本地区予以推广。

2. 相关法律、法规及行业规范的制定

我国已初步建立起以《节约能源法》为核心，以《民用建筑节能条例》等法规及规范性文件为辅助的建筑节能法律法规体系[136]。实施建筑节能与节能改造已上升为国家意志。但在节能改造组织实施、保障措施等方面，我国仍存在一定程度的法规空白，具有较大的立法空间。

3. 节能改造规划的编制与实施

《节约能源法》第三十四条规定：县级以上地方各级人民政府建设主管部门会同同级管理节能工作的部门编制本行政区域内的建筑节能规划，在建筑节能规划中应包含既有建筑节能改造计划[136]。同时，《民用建筑节能条例》第六条规定：国务院建设主管部门应当在国家节能中长期专项规划指导下，编制全国民用建筑节能规划，并与相关规划相衔接，县级以上地方人民政府建设主管部门应当组织编制本行政区域的民用建筑节能规划，报本级人民政府批准后实施[136]。

既有建筑节能改造规划的编制与实施是政府实施节能改造宏观管理的重要手段[136]，其主要作用在于：①为政府科学决策提供必要依据；②从宏观层面指导大规模既有建筑节能改造；③对既有建筑节能改造具体要求及技术标准实施统筹管控；④预防与控制节能改造所导致的风险。

节能改造规划主要包括以下内容：①节能改造主要目标，包括改造总体目标、年度目标及效益目标等；②节能改造重点指引，包括拟改造的重点区域、改造的重点内容等；③节能改造实施方式，包括节能改造模式及适用条件等；④节能改造技术指引，包括节能改造技术体系、典型建筑改造技术方案等；⑤节能改造政策指引，包括政策障碍分析、相关政策与思路及政策框架等；⑥相关保障措施，包括机制保障、技术保障及资金保障等措施；⑦节能改造投融资模式，包括投资估算分析、受益主体分析、投融资渠道等；⑧节能改造效益及风险评估[136]。

4. 政策性融资

从宏观角度来看，居住建筑节能改造是一项规模宏大的社会工程，需有大量的资本供给作为支持匹配，单靠企业或居民个体力量难以维系。政府作为节能改造的推动者以及公众利益的代理人，应给予节能改造实施主体一定的费用支持。政策性资金主要来源于政府、国际机构等，具有一定的公益性质，融资成本相对低廉。政府融资方式主要包括财政补贴、政策性贷款、政府间合作，以及各种专项资金，如新型墙体材料专项基金、住宅专项维修基金等，如图 5.1 所示。

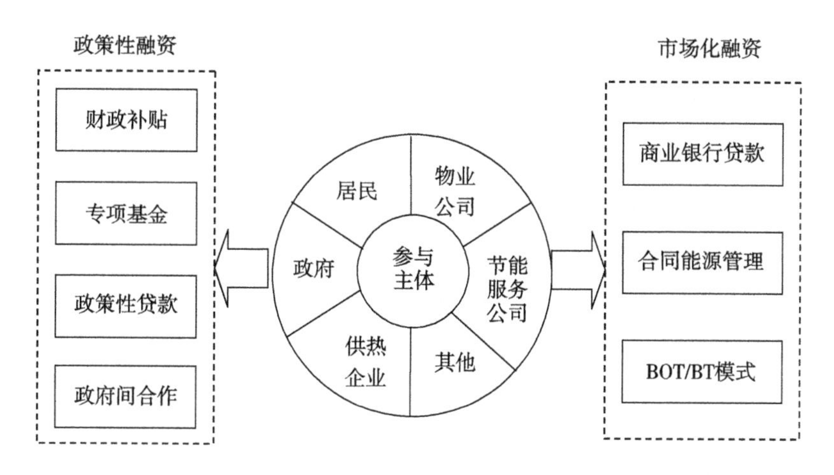

图 5.1　节能改造参与主体与融资渠道

在中国，政府是经济社会生活中的特殊主体，拥有数量庞大的社会资源，是社会整体利益的代言人。按照层级关系，政府可笼统地划分为中央政府与地方政府，在前述关于外部性空间分布的分析中，一些外部性的影响范围仅局限于社区或区域之内，此类外部性中的多数应由地方政府予以买单；而另一些外部性，如节能减排外部性，其影响较为广泛，有可能波及全国，应由中央政府予以关注。毫无疑问，政府应作为居住建筑节能改造主要实施主体，参与节能改造费用分摊。

5.1.2　居民

居住建筑节能改造使居民热舒适度有所提升，同时也在一定程度上提升了居住质量。居民是居住建筑节能改造的主要受益方，也应当是节能改造费用的分摊者，同时还是影响节能改造顺利实施的重要因素。费用分摊方案是否公平合理，是否能够被居民接受，直接影响着居民参与节能改造的积极性。在实施节能改造前，实施者应对拟改造社区居民情况充分调查，对住户人口、年龄分布、居民收入等情况做到心中有数，并对居民改造意愿、关心的问题及对节能改造的建议等进行搜集整理，作为节能改造决策及费用分摊方案制订的依据。做出实施节能改造决策后，还应做好居民工作，签订改造协议、落实节能改造分摊费用，并做好施工入户的组织协调工作。在居住建筑节能改造的过程中，居民作用主要表现在下述两个维度。

1. 居民是节能改造的受益者与费用分摊主体

大多数居民是拟改造房屋的产权拥有者，居民是实施节能改造的直接受益者与最终受益者。节能改造所带来的效益，是对节能改造的宣传与推广，会对尚未进行节能改造的居民产生示范效应，带动其他居民积极参与其中。

居住建筑存量巨大，单纯依靠政府投资，财政难以为继，无法形成节能改造市场化的运作模式。居民是居住建筑节能改造的主要受益者之一，因此居民理应根据节能改造所带来的效益情况负担与所获效益对等的费用。

2. 居民意愿直接影响节能改造决策

既有建筑节能改造内容所包括的外墙体、屋盖及门窗乃至室内采暖系统的改造都将直接影响所在建筑物居民的日常起居和生活，热源、热交换站及室外管网的改造则会影响这个社区居民的切身利益。根据《中华人民共和国物权法》规定，改建、重建建筑物及其附属设施，应当经专有部分占建筑物总面积三分之二以上业主且占总人数三分之二以上业主同意[136]。因此，顺利实施居住建筑节能改造的前提条件是居民给予充分的授权，居民意愿直接影响节能改造的决策。

5.1.3 物业公司

20 世纪 90 年代以来，我国商品住宅物业服务行业走上了市场化和专业化的道路，目前多数商品住宅社区由物业服务公司统一实行专业化管理。物业公司是物业服务企业的简称，是依法设立并具有物业服务相关资质的企业，专门提供物业增值服务的营利性经营机构，属于服务性企业[137]。在法律层面，居民与物业公司具有平等性，居民将拥有产权的建筑及社区委托给物业公司实施管理并提供增值服务；物业公司受托于居民并根据双方签订的物业服务合同收取相关费用，获取一定利益，其在节能改造实施过程中的作用包括以下两方面。

1. 组织协调、技术顾问及设施、设备的接收

物业公司对拟改造社区情况相对熟悉，在节能改造前期准备期，可利用物业公司已经成型的物业服务体系对社区展开调查、动员等前期准备工作。另外，物业公司作为社区设备、设施的日常管理者，积累了大量技术管理经验与资料，在

节能改造实施过程中可针对施工工艺、材料选择等提出合理化建议，并参与节能改造实施结束后设施、设备的调试、接收及其日常维护工作。

2. 物业公司可承担部分节能改造费用

物业公司针对居民最重要的常规性公共服务是建筑物设施、设备的运营与管理。居住建筑节能改造实际上也是对建筑物设施及设备的更新与维护的过程。在实施节能改造后，社区运营维保费用会有所降低，而物业费收入并不会降低，甚至有可能由于居住环境改善有所增长，物业公司因此获得效益，并有可能作为节能改造费用的分摊者存在。

5.1.4　供热企业

在我国，城市供热企业具有一定的公益性质，供热价格长期受政府调控，供热企业一般处于政策性亏损，新建热源资金短缺。单纯依靠增加热源以满足增量热能需求的粗放发展方式，已严重制约了供热企业的发展。对热源、热网实施节能改造有助于促进供热效率的提升，有助于减少热量损失，使供热企业在不增加热建设投资的前提下，增加供热面积，由此产生了直接的经济效益，基于此，供热企业有可能作为节能改造费用分摊主体之一。

5.1.5　节能服务公司

本部分所指节能服务公司并不是国外文献经常涉及的合同能源管理公司，而是泛指从事建筑节能及节能改造相关业务，并以赢利为目的的独立企业法人，可在各种节能改造模式与机制下独立开展业务[83]。在居住建筑节能改造过程中，节能服务公司可根据合同关系扮演不同角色[83]。在前期准备期，政府可委托节能服务企业对本区域内的住宅社区进行调查研究、实施节能潜力评价、选取改造对象、拟订方案并参与决策，专业公司作为技术咨询服务提供者的角色而存在；在改造实施期，政府或居民可委托节能服务企业对对象社区实施综合节能改造，在这里节能服务企业作为改造实施者的角色而出现；在维保运营期，节能服务企业可受托对项目进行监控管理，对节能效果进行实时动态评价。尽管节能服务公司可扮演众多角色，但在节能改造全寿命周期中，多以受托方的形象出现，节能服务公司是节能改造走向社会化的主体，在改造过程中，节能服务公司还有可能以改造项目的实施者、经营者以及市场融资主体的角色出现。

5.1.6 其他参与主体

除上述主要参与主体外，供电企业与金融机构等也会不同限度地参与其中。居住建筑节能改造使居民用电峰值水平降低，可降低供电企业对于新设备的投资，从而使供电企业间接受益。但由于调峰数据难以获取，该效益无法量化，在本书中对供电企业获取的效益及费用分摊未加考虑。

金融机构参与节能改造，利用市场化手段实施项目融资是发展趋势所在，商业银行可通过节能改造项目贷款改善节能服务企业或其他参与主体的资本状况，培育与巩固新的客户群体，增强银行自身的议价能力[138]。节能服务企业或其他参与主体突破中小企业贷款融资难的问题，可有效调动节能技术创新及参与节能改造的积极性，实现双赢。例如，兴业银行、北京银行、浦发银行等参与相关企业的节能融资项目，2006～2010 年，兴业银行已为 46 个节能减排项目提供了累计 9 亿元的贷款，贷款对象大多数为中小企业，贷款内容涉及节能及能源优化利用、余热回收、工业锅炉改造等。国际金融公司为兴业银行提供贷款本金风险分担[138]。

除此之外，国际机构提供公益性资金，参与中国既有建筑节能改造项目也占到一定比例[138]。例如，世界银行于 2005 年通过中国供热改革与建筑能效项目，提供 1 800 万美元支持中国提升北方寒冷地区城市居民建筑能源利用效率。2005 年，中国与德国政府共同批准在中国实施节能改造项目，首批示范项目为唐山市河北一号小区、北京市惠新西街项目等[139]。联合国开发计划署、欧洲投资银行等国际机构也不同限度地参与了中国既有建筑节能改造实践，取得了良好的效果。由于本章仅对费用分摊问题进行研究，对资金来源并不做深入探讨，因此在后续构建模型时，并未考虑金融机构、国际机构在节能改造中产生的作用。

5.2 居住建筑节能改造费用分摊分类

费用分摊按照分配维度可分为两类，一类是将居住建筑节能改造全寿命周期费用在时间维度上进行分摊，称为费用在时间维度上的分摊；另一类是将其在各受益主体间进行分摊，称为费用在空间维度上的分摊。

5.2.1　费用在时间维度上的分摊

居住建筑节能改造全寿命周期可划分为前期准备期、改造实施期及维保运营期。节能改造全寿命周期时间跨度较大，一般在 20～30 年，投资回收期较长，对投资者而言投资回报率较差，并不是企业、银行等投资的首选目标。但是，节能改造为整个社会带来了较多的公共利益，为节能减排、促进就业及经济发展等提供了动力。在制订节能改造费用分摊方案时，应充分考虑时间对于费用的增值作用，将费用在节能改造前期准备、改造实施以及维保运营等各个阶段内进行合理分配。

5.2.2　费用在空间维度上的分摊

随着居住建筑节能改造实践经验的积累与理论研究的持续开展，节能改造逐步开始朝着市场化运作的方向迈进。所谓市场化运作就是所付出的投资费用与承担的责任以及获取的效益在交易中实现平衡，费用、责任与效益相互匹配，在此前提下实施节能改造。节能改造各参与者固然对节能改造所能带来的效益较为在意，但对自身承担的费用更为关注——所分摊的费用自身能否承受，以及与所带来的效益相比是否匹配等。

费用在空间维度上的分摊是指将居住建筑节能改造全寿命周期费用分摊给各受益主体，并在各主体间构建和谐的费用支付关系。费用分摊的主体可以是某个个体，如居民，也可以是节能改造的受益团体，如物业公司、供热企业等；同时对于节能改造的某些效益，如节能减排效益，其影响面有可能涉及其他区域，因此费用分摊还有可能在地区之间进行。在节能改造费用空间分摊方面，目前尚没有一个权威合理的分摊方法。本章试图构建若干费用分摊方法与模型，以期节能改造全寿命周期费用能够在空间维度实现合理科学分摊，以促进各方支持节能改造的能动性。

5.3　居住建筑节能改造费用分摊方法分析

按照是否引入博弈理论及方法可以将费用分摊方法划分为一般费用分摊方法与合作对策费用分摊方法[140]。

5.3.1　一般费用分摊方法

1. 一次分摊法

1）平均分摊法

平均分摊较为简单与清楚，就是把实施节能改造的总费用平均分摊至各参与主体，但平均分摊法将各主体平等对待，并未考虑各费用分摊主体的差异及利益关系的复杂性，是一种效率低下且有失公平的费用分摊方法。其计算公式如下：

$$X_i = \frac{C(N)}{n} \quad (i=1,\ 2,\ \cdots,\ n) \tag{5.1}$$

其中，X_i 为各参与者分担的费用现值；$C(N)$为拟分摊总费用现值；n 为费用分摊主体个数。

2）效益比例分摊法

效益比例分摊法分析的基本出发点是“费用分摊、效益分享”原则，是根据各费用分摊主体获得的效益按照相应比例对拟分摊总费用实施分摊的方法。采用此法进行费用分摊，最关键的是效益量化方法的确定以及效益与费用量化准则的一致性，实施居住建筑节能改造的目的无论是提升居民居住质量，还是达成节能减排目标，其归根结底是实现预定效益。因此，与平均分摊法相比，效益比例分摊法更具科学性，更容易被各费用分摊主体接受，应用更广泛。其计算公式如下：

$$X_i = C(N) \cdot B_i \Big/ \sum_{i=1}^{n} B_i \tag{5.2}$$

其中，X_i 为各参与者分担的费用现值；$C(N)$为拟分摊总费用现值；B_i 为各参与者获得的效益现值。

2. 二次分摊法

二次分摊法也称为可分离费用-剩余效益比例分摊（separable costs-remaining benefits，SCRB）法，该方法将节能改造总费用划分为可分离费用与剩余费用，为各主体所分摊费用设定上、下限值[141]，其中上限值为各主体所能获得的效益与优化代替方案费用中的较小值；将可分离费用作为各主体所分摊费用的下限值。上、下限值的差值即为实施节能改造的剩余效益，以此为基础按照相应比例对节能改造费用实施分摊。其计算公式为

$$X_i = \mathrm{SC}_i + [C(N) - \mathrm{SC}_i] \cdot [\min(B_i, D_i) - \mathrm{SC}_i] \Big/ \sum_{i=1}^{n} [\min(B_i, D_i) - SC_i] \tag{5.3}$$

其中，X_i 为费用分摊主体 i 所分摊的费用现值；SC_i 为费用分摊主体 i 可分离费用现值；$C(N)$ 为拟分摊总费用现值；B_i 为费用分摊主体所获得的效益现值；D_i 为费用分摊主体 i 最优等效替代方案所需费用。

采用此法时，应注意将节能改造总费用、各费用主体的可分离费用与所获得的效益以及最优等效替代方案所需费用等全部折算为现值，建立进行计算的数据可比性基础。

5.3.2　合作对策费用分摊方法

传统费用分摊方法多是从单个主体成本、效益角度出发考虑问题的，较少涉及联盟合作对于费用分摊所造成的影响，这些费用分摊方法虽然简单，易于计算，但缺少必要的公平性，对于各参与主体获得效益与经济水平具有显著差异的项目（如节能改造）尤其如此。将合作对策理论引入费用分摊方法，通过分析合作对策各种解法，构建更为公平合理的费用分摊方法，从而使各主体在稳固联盟关系的基础上实现最终目标。

1. 沙普利（Shapley）值法

在多人合作对策中，各局中人通过协商建立联盟，如何将联盟中的收益或费用合理公平地分配给联盟各成员，是亟待解决的问题。Shapley 于 1953 年从公理化角度出发，提出了“多人合作对策解”的概念，后来被称为 Shapley 值[142]。

Shapley 值解表达式简明直观、内涵清晰、值始终存在且具有唯一性，在一定条件下，必处于核心之中，正是由于上述良好特征，Shapley 值成为多人合作对策最为重要的估值解[141]。设 $\{N, S\}$ 代表一个费用对策，其计算公式如下：

$$X_i = \sum_{|S|=1}^{n} \frac{\left(|S|-1\right)!\ \left(n-|S|\right)!}{n!}\left[C(S)-C(S-i)\right] \tag{5.4}$$

其中，$|S|$ 为联盟中成员的个数；C 为定义在局中人集合 N 上的费用函数，表示 N 中所有可能形成的联盟的最优替代费用[141]；n 为局中人（费用分摊主体）个数；$\left(|S|-1\right)!\ \left(n-|S|\right)!\ /n!$ 为联盟 S 出现的概率；$[C(S)-C(S-i)]$ 为局中人 i 对联盟 S 做出的边际贡献[141]。设定 N 为局中人集合，$(N, C)\in G$ 的 Shapley 值满足以下定理的一个映射，即

$$\varphi: G \rightarrow R^N$$

其中，$\varphi=\{\varphi_1, \varphi_2, \cdots, \varphi_n\}$。

1）有效性定理

有效性定理表示对收益或费用进行分摊时，不用将无效局中人考虑在内。设定 T 为 C 的承载，即 T 满足 $C(S)=C(S\cap T)$，$\forall S\subseteq N$，则有 $\sum_{i\in T}\varphi_i(C)=v(T)$。

2）可加性定理

可加性定理表示局中人在进行收益或费用分摊时所分摊到的收益或费用等于其在两个对策中所分配到的收益或费用之和[143]。对于任意的 C，$\omega\in G$，存在 $\varphi_i(C+\omega)=\varphi_i(C)+\varphi_i(\omega)$，$\forall i\in N$。

3）对称性定理

对称性定理要求若存在一个置换 π，使得任一联盟 S 与联盟 πS 有相同的支付，则每个局中人 i 与局中人 πi 所分配的收益或费用相同。设定 π 为 N 的任意排列，$i\in N$，则有 $\varphi_{\pi(i)}(C)=\varphi_i(C)$。

2. 核心法

20 世纪 50 年代，Gillies 提出核心概念，作为研究稳定集的工具，Shapley 与 Shubik 将之发展为对策论中一个解的概念，是合作对策中较为重要的估值解之一。核心法可划分为最小核心法（least core）、弱最小核心法（weak core）与

比例最小核心法（proportional least core）[144]。设定$\{N, C\}$代表一个费用对策，则各方法可转化为如下线性规划问题。

1）最小核心法

$$\min \varepsilon$$

$$\text{s. t.}\begin{cases} 0 \leqslant X_i \leqslant C(i), & \forall i \in N \\ \sum_{i \in S} X_i \leqslant C(S) + \varepsilon, & \forall S \in N;\ |S| \neq 1 \\ \sum_{i \in N} X_i \leqslant C(N) \end{cases} \tag{5.5}$$

其中，$C(i)$为某主体i单独实施所付出的费用；其他符号同前，最小核心法未考虑联盟S成员个数的区别，将所有联盟同等对待[144]。

2）弱最小核心法

$$\min \varepsilon$$

$$\text{s. t.}\begin{cases} 0 \leqslant X_i \leqslant C(i), & \forall i \in N \\ \sum_{i \in S} X_i \leqslant C(S) + |S| \cdot \varepsilon, & \forall S \in N;\ |S| \neq 1 \\ \sum_{i \in N} X_i \leqslant C(N) \end{cases} \tag{5.6}$$

由式（5.6）可以看出，弱最小核心法考虑了联盟S成员个数所带来的影响，联盟的重要性取决于联盟成员的个数，联盟成员个数越多，该联盟越重要，式（5.6)中符号意义同式（5.5)[144]。

3）比例最小核心法

$$\min \varepsilon$$

$$\text{s. t.}\begin{cases} 0 \leqslant X_i \leqslant C(i), & \forall i \in N \\ \sum_{i \in S} X_i \leqslant (1 + \varepsilon) \cdot C(S), & \forall S \in N;\ |S| \neq 1 \\ \sum_{i \in N} X_i \leqslant C(N) \end{cases} \tag{5.7}$$

由式（5.7）可以看出，与弱最小核心法相同，比例最小核心法也考虑了联盟间的差异所带来的影响，通过设立与特征函数（费用函数）成比例的额外值对核心进行求解。与弱最小核心法不同，联盟的重要性不再由联盟成员个数决定，而是由特征函数（费用函数）决定，$C(S)$越大，联盟越重要。

3. 核仁（nucleolus）法

Schmeidler 于 1969 年提出了合作对策的“核仁解”的概念，弥补了核心与稳定集可能不存在的缺陷，并且核仁解由唯一分配构成，假设对策核心非空，则核仁是核心中的元素，对于某一费用对策$\{\boldsymbol{N}, C\}$[145]。设定$\boldsymbol{X}=\{x_1, x_2, \cdots, n\}$为其一个费用分摊向量，定义联盟$\boldsymbol{S}$对于$\boldsymbol{X}$的超出值为[145]。

$$e(\boldsymbol{S}, x)=\sum_{i\in \boldsymbol{S}} x_i - C(\boldsymbol{S}) \tag{5.8}$$

合作对策核仁解基本思路如下：若某一分摊向量处在核仁以内，那么该向量所对应的任一联盟都要比其他分摊向量更为卓越。可将高于核仁中的数值$e(\boldsymbol{S}, x)$作为联盟$\boldsymbol{S}$对于分摊向量$\boldsymbol{X}$的认可程度，高出的数值越小表明联盟$\boldsymbol{S}$对分配向量越满意，反之亦然[146]。将所有联盟（2^N个联盟）超出值列举，并按大小进行排列，可得到如下向量：

$$\boldsymbol{\theta}(x)=\begin{bmatrix}\theta_1(x)\\ \theta_2(x)\\ \vdots \\ \theta_{2N}(x)\end{bmatrix}=\begin{bmatrix}e(S_1, x)\\ e(S_2, x)\\ \vdots \\ e(S_{2N}, x)\end{bmatrix} \tag{5.9}$$

设定费用对策$\{\boldsymbol{N}, C\}$全部费用分摊备选方式为$\boldsymbol{X}$，则该合作博弈的核仁$\mu(\boldsymbol{X})$就是$\theta(x)$的最小分摊全体，记为

$$\mu(\boldsymbol{X})=\{x\in \boldsymbol{X} \mid \theta(x)\leqslant\theta(y), \ \forall y\in \boldsymbol{X}\} \tag{5.10}$$

根据核仁解的定义，求解核仁可转化为线性规划问题，可表示为

$$\min a$$

$$\text{s.t.}\begin{cases}\sum\limits_{i\in \boldsymbol{S}} C(i)-C(\boldsymbol{S})\leqslant \sum\limits_{i=1}^{N}\boldsymbol{y}_i+a, \quad \boldsymbol{N}=\{1, 2, \cdots, 2^n\}\\ \sum\limits_{i\in \boldsymbol{N}}\boldsymbol{y}_i=C(\boldsymbol{N})\\ \boldsymbol{X}_i=C(i)-\boldsymbol{y}_i\end{cases} \tag{5.11}$$

其中，a 为联盟$\boldsymbol{S}$对于$\boldsymbol{X}$的超出值中的极大数值，即 $\max e(\boldsymbol{S}, x)$；$C(i)$为某主体 i 单独实施项目时所支付的费用；$C(\boldsymbol{S})$ 为联盟 $\boldsymbol{S}$ 实施项目所支付的费用；$\boldsymbol{y}_i$ 为费用分摊函数中局中人 i 的费用超出矢量，它是式（5.11）中最重要的待解矢量，需要利用工具对其进行求解；$\boldsymbol{X}_i$ 为各费用分摊主体（局中人）所分摊的

费用；$\sum_{i \in \boldsymbol{S}} C(i) - C(\boldsymbol{S})$ 为形成联盟后相较于个体单独承担费用所节省的费用。

5.3.3　各费用分摊方法比较

主要费用分摊方法基本原理及优缺点比较[146]详见表 5.1。

表 5.1　主要费用分摊方法基本原理及优缺点比较

费用分摊方法			基本原理	优点	缺点
一般费用分摊方法	一次分摊法	平均分摊法	将拟分摊费用平均分配给各费用分摊主体	清楚简单，所需数据少，适用简单、各主体均质化的项目	没有考虑参与各方的个体差异，结果有失公平
一般费用分摊方法	一次分摊法	效益比例分摊法	根据各分摊主体所获得的效益比例，将拟分摊费用分摊给各主体	简单易操作，与平均分摊法相比具有一定科学性与合理性	分摊结果合理性取决于效益计算的准确程度且未考虑主体间合作的影响
一般费用分摊方法	二次分摊法（可分离费用-剩余效益比例分摊法）		先将费用分为可分离费用与剩余费用，设定上、下限值，并根据上下限值之差的比例对费用进行分摊	剩余费用是需要在各主体进行分摊的费用，与总费用相比，剩余费用数额小，从而缩小主观差异造成的误差	可分离费用与剩余费用划分难度较大，划分准确程度直接决定最终分摊结果的合理性
合作对策费用分摊方法	Shapley 值法		以各联盟的边际费用为基础，将各费用分摊主体相对于各联盟的边际费用平均值作为所分摊的费用	具有一定的稳定性，其值具有可行性与唯一性，能向各主体传递激励信息，具有一定公平性，易于接受	对合作获取效益数据要求较精确，计算量较大；未考虑各主体效益差异，有可能造成分摊费用与效益不匹配
合作对策费用分摊方法	核心法（包括最小核心法、弱最小核心法与比例最小核心法等）		将合作对策核心作为费用分摊方案，转化为线性规划问题求取核心解	核心中的分摊使得任何联盟都无法推翻，能让各费用分摊主体（局中人）感到满意	费用分摊条件苛刻，合作对策有时无核心解
合作对策费用分摊方法	核仁法		优先考虑满意程度较小的联盟，通过分摊提升其满意程度，如此往复，直至所有联盟不满意程度达到最小，此时的分摊为最终的费用分摊方案	弥补核心解可能不存在的缺陷，核仁解由唯一的分配构成，若核心非空，则核仁即为核心的元素，已为局中人接受	尽管理论上可行，但实施起来较为费时，计算量较大，尤其是当 n 稍大时，几乎无法实现核仁解

5.4 居住建筑节能改造费用分摊模型

5.4.1 节能改造费用分摊原则与假设

居住建筑节能改造参与者众多，影响范围较广，具有风险不易把控、目标难以统一、关系难以协调等特点，各参与主体作为相互孤立的决策实体，基于自身利益实现的本能，均有各自迥然相异的利益诉求，与此同时，参与各方也要确保因节能改造而形成的联盟总体目的最终达成。在制订节能改造费用分摊方案时，应在实现节能改造联盟总体目标的前提下，协调好各参与主体的利益诉求，这就需要制定相应的费用分摊原则，一方面避免各参与主体间的冲突，另一方面促进各参与主体的积极性，从而促进总体目标的实现。同时，在构建节能改造费用分摊模型时应满足若干假设条件。

1. 节能改造费用分摊原则

1）公平合理原则

居住建筑节能改造费用分摊必须坚持公平合理原则，只有尽可能保持公平合理，各费用分摊主体才能保持合作关系，形成联盟并保持稳定。分摊过程要尽量透明化，分摊数额应与各参与主体经济能力和水平相匹配，并能真实反映各参与主体的受益程度。费用分摊应有一定的科学性、客观性、严谨性，在一定程度上避免主观性，减轻人为干预所导致的变动。同时，还应注意避免人为设定而导致的歧视行为，尽可能做到费用分摊方式、方法的无倾向性。

2）可操作性原则

节能改造费用分摊方法的选择、模型的构建等不能仅从理论层面的最优化出发，还应考虑节能改造现实情况及各参与主体的认知水平，具体方式与方法应简单明确，方便学习认知，便于实际运用。同时，费用分摊的可操作性还体现在费用分摊方案的具体性上，应能明确什么属性的费用由哪个参与主体分摊，并尽量体现在时间维度上。

3）市场化运作原则

引导节能改造向市场化运作方向转变，尊重市场规律、经济规律，强调节能改造投资是市场化行为，应按照投资费用、承担责任以及获得效益相互匹配的基本准则由各受益方集体承担改造所需费用。在识别节能改造费用、效益的基础上，进行费用分摊并构建节能改造市场化运作机制，一方面通过费用的合理分摊、筹资渠道的拓展，缩短单一主体实施节能改造的投资回收期；另一方面，使各参与主体因节能改造获取的效益与所分摊的费用相匹配，将有助于促进节能改造的市场化运作，破解居住建筑节能改造的机制障碍。

4）多方案比选原则

多方案比选有助于提升在节能改造费用分摊过程中的合理性与可靠性水平，有助于提升节能改造资源配置水平。与其他投资项目相比，居住建筑节能改造具有投资回收期长、各参与主体效益获取具有一定的不确定性，且费用分摊问题影响因素众多，本身具有复杂性，在制订费用分摊方案时，应采用不同方法分别拟订费用分摊方案。费用分摊方案的异同主要表现在所采用的方法、措施是否具有共同点等方面，不同的方案需要付出的费用与获取效益的匹配程度会有巨大区别，因此应根据实际情况提出各种可能的方案进行比选，从而获得最佳的费用分摊方案。

5）开放性原则

开放性原则是指在费用方案的制订及实施过程中，应保持和谐、民主的协商氛围，充分听取各参与主体的意见与建议，协调各参与主体的利益诉求。同时，在费用分摊方案制订与实施过程中，发现困难与解决困难相互交织，因此需要在动态发展中不断创新与完善具体方案与模式。

6）最高限原则

节能改造费用分摊主体所分摊费用的最高限是因节能改造所获取的效益，也不应超出该主体不实施节能改造时所能选择的最好替代方案所应承担的成本，并且分摊至参与各方的成本之和等于节能改造总成本，即节能改造总费用应全部分摊给各费用分摊主体。

2. 基本假设

(1) 假设节能改造各费用分摊主体均是理性的，在费用分摊过程中，各费用分摊主体均希望自身所分摊的费用越小越好，收益越大越好。

（2）假设节能改造费用、效益及外部效益等可由各费用分摊主体单独承担或共同承担。

（3）假设节能改造各费用分摊主体可以在相互间自由结成联盟，联盟具有团体理性，联盟中各成员可以通过协调达成整体利益。

5.4.2 构建联盟与特征函数

先确定局中人，根据分析，设定居住建筑节能改造费用分摊主体为政府、居民、供热企业、物业公司，由此构成局中人集合 N {1，2，3，4}。根据上述基本假设，局中人之间可以任意组成联盟，则包括空集 Φ 在内共有 $2^4=16$ 个子联盟，如图 5.2 所示。

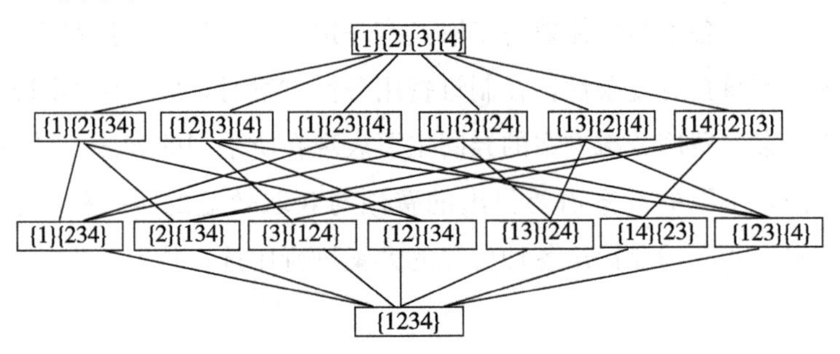

图 5.2 节能改造局中人子联盟

居住建筑节能改造总费用 C 可根据前述进行估算，其值是恒定的，并不因局中人联盟变化而发生改变。因此应首先构建特征函数，在对局中人收入进行分摊的基础上，计算分摊费用，并根据外部性分摊结果进行必要调整。设定节能改造效益集合 $B=\{B_1, B_2, B_3, B_4\}$，该集合数值可根据前述给出的方法进行测算；局中人收益集合 $R=\{R_1, R_2, R_3, R_4\}$，节能改造外部性集合 $E=\{E_1, E_2, E_3, E_4\}$，收益集合与外部性集合均可由 Shapley 值法逐一求得。

5.4.3 基于熵权 Shapley 值法的节能改造收益分摊

1. 节能改造收益函数定义

与常规的费用分摊问题不同，居住建筑节能改造全寿命周期费用是固定的，并不因局中人联盟组合变化而发生变化。先定义节能改造收益的概念，在不同联盟组合条件下，某联盟组合因节能改造获得的效益与节能改造费用之间的差值被称为节能改造收益，可表示为

$$R(S)=B(S)-C \tag{5.12}$$

其中，$R(S)$为联盟S因节能改造而获得的收益，由效益减去费用获得；$B(S)$为联盟S因节能改造而获得的效益；C为节能改造全寿命周期费用，其值恒定，不因联盟组合而变化。

2. 局中人熵权确定

传统 Shapley 值法认为局中人之间均是平等的关系，并未对局中人个体差异加以考虑。例如，根据 Shapley 值权重因子计算公式，分别取联盟成员个数$|S|$为 1 与n，计算得到的权重因子均为$1/n$，表明各局中人单独实施与参与合作对策所分摊的权重是一样的。这显然与现实背道而驰，在节能改造实践过程当中，各参与主体并不完全处于平等关系，各主体地位是有所差别的：有的处于弱势地位，有的则处于主导地位；有的经济支付能力较强，有的则较弱。在费用分摊过程中，引入熵权概念，用来判别局中人的个体差异。

熵的概念是由德国物理学家 R. Clausius 最早提出，是现代物理学中较为重要的概念[147]。近些年来，熵的概念开始应用于社会科学，其意义是对系统不确定性状态的度量，信息是与熵相对应的概念，两者数量相等，但符号相反[147]。熵值越大，则系统越缺乏稳定性，不确定性越大，因而信息就会越少，利用熵的概念对各指标值中的信息实施挖掘和度量，从而可确定各指标的权系数[147]。

利用熵权方法确定节能改造局中人能力综合权重的步骤如下。

(1) 设定表征节能改造局中人个体差异的因素，包括决策实施重要程度、经济支付能力、风险承受能力、组织协调能力等。决策实施重要程度是指在进行节能改造决策与保证改造顺利实施方面局中人的重要程度；经济支付能力是指为保证节能改造顺利实施而支付费用的能力；风险承受能力是指在不确定条件下局中人抵御风险、保证节能改造联盟少受伤害的能力；组织协调能力是指在节能改造全过程局中人所起到的组织协调作用。各指标邀请行业专家采用 0～4 评分法进行评分，得到相应数据与权重，必要时做归一化与同向化处理，指标数值详见表 5.2。

表 5.2　节能改造合作对策局中人能力综合权重

局中人	决策实施重要程度	经济支付能力	风险承受能力	组织协调能力	综合权重
1（政府）	0.333 3	0.416 7	0.416 7	0.375	0.380 9
2（居民）	0.416 7	0.041 7	0.125	0.167	0.209 3
3（供热企业）	0.208 3	0.291 6	0.25	0.167	0.239 2
4（物业公司）	0.041 7	0.25	0.208 3	0.291	0.170 6
指标权重	0.370 7	0.346 1	0.166 9	0.116 3	—

（2）测算第 j 个特征指标下第 i 个局中人指标值所占比重，采用式（5.13）。

$$P_{ij}=y_{ij}\Big/\sum_{i=1}^{n}y_{ij}\,(i=1,\ 2,\ 3,\ 4;\ j=1,\ 2,\ 3) \tag{5.13}$$

其中，P_{ij} 为该指标所占比重；y_{ij} 为第 j 个特征指标下第 i 个局中人指标值。

（3）测算第 j 个特征指标的熵值，采用式（5.14）。

$$e_j=\frac{1}{\ln n}\sum_{i=1}^{n}P_{ij}\cdot\ln P_{ij}\,(i=1,\ 2,\ 3,\ 4;\ j=1,\ 2,\ 3) \tag{5.14}$$

其中，e_j 为第 j 个特征指标的熵值；n 为局中人个数，在节能改造对策中 $n=4$。

（4）测算第 j 个特征指标的权重，采用式（5.15）。

$$\mu_j=(1-e_j)\Big/\sum_{j=1}(1-e_j) \tag{5.15}$$

其中，μ_j 为第 j 个特征指标的权重；$1-e_j$ 为第 j 个特征指标的差异系数，其值越小，该指标权重越小，其值越大，该指标权重值越大[147]。

（5）测算第 i 个局中人综合权重，采用式（5.16）。

$$\omega_i=\sum_{j=1}\mu_j\cdot P_{ij} \tag{5.16}$$

其中，ω_i 为第 i 个局中人综合权重。

3. 节能改造收益分摊

根据 Shapley 值计算公式，对节能改造收益进行分摊测算：

$$R_i=\sum_{|S|=1}^{n}\frac{\big(|S|-1\big)!\ \big(n-|S|\big)!}{n!}\left[R(S)-R(S-i)\right] \tag{5.17}$$

其中，R_i 为节能改造合作对策局中人 i 所分摊的收益值，其他符号同前。

将 Shapley 值法计算所得到的收益分摊比例与局中人综合权重相结合，即可得到节能改造分摊向量。但由于尚未考虑外部收益，该分摊向量仍不是最终结果，不能以此为基础进行费用分摊测算。

5.4.4　节能改造外部性分摊

居住建筑节能改造具有显著的正外部性，正外部性是收益的一部分，这部分收益未向外部性供体支付任何费用。外部性的存在会导致资源配置缺乏效率，伤害外部性供体一方参与节能改造的积极性。忽视节能改造的外部性，直接对改造收益、费用进行分配，往往导致合作对策中相对强势的局中人收益分配过多，而费用分摊过少，造成结果有失偏颇，从而影响合作的稳定性。费用分摊的过程实质是减轻外部性影响的过程，因此必须考虑外部性影响，并对收益分摊结果进行修正。

1. 节能改造外部性特征函数

根据前述对于节能改造外部性量化方法的描述，可对不同联盟组合条件下外部性特征函数做如下定义：

$$E(S)=B(N)-B(S) \tag{5.18}$$

其中，$E(S)$为联盟S组合条件下实施节能改造的外部性；$B(N)$为实施节能改造的总效益，可通过前述给出的方法测算；$B(S)$ 为联盟 S 因节能改造而获得效益。

2. 节能改造外部性分摊

根据 Shapley 值公式，对节能改造外部性进行分摊测算：

$$E_i=\sum_{|S|=1}^{n}\frac{\left(|S|-1\right)!\ \left(n-|S|\right)!}{n!}\left[E(S)-E(S-i)\right] \tag{5.19}$$

其中，E_i 为节能改造合作对策局中人 i 所分摊的外部性，其他符号同前。

可得到一组外部性分摊向量，即 $\boldsymbol{E}=\{E_1, E_2, E_3, E_4\}$。

3. 确定外部性归还系数

利用式（5.19）对外部性进行分摊，可得到一组外部性分摊向量，其中有正有负，分摊得到的外部性为负值，表明该局中人为外部性受体，在其所享有的收益中，有一部分并未向外部性供体支付成本，导致外部性供体参与节能改造积极性下降，影响联盟的稳定与效率，因此应在外部性受体收益中扣除一部分外部收益，向外部性供体归还一部分外部性，从而在一定程度上减轻外部性的存在，以维持节能改造联盟的稳定。但是，外部性供体并不一定能够收回全部外部性，这是由于节能改造合作对策各局中人重要程度不同，相对强势的一方希望在维持节能改造联盟稳定的前提下，使自身收益最大化、费用分摊最小化，而相对弱势一方则缺乏必要的话语权。因此，应根据前文所确定的各局中人综合权重，考虑并确定外部性归还系数，在合作对策中，重要程度最低的局中人话语权较少，假定重要程度最低的局中人应向外部性供体归还100%的外部收益，则其他局中人可根据综合权重测算各自归还比例，取所分摊外部性为负值，且绝对值最大者作为外部性归还系数，将此系数与外部性分摊向量结合，可得到最终的外部性归还向量，即$\boldsymbol{E}^{*}=\{E_1^*, E_2^*, E_3^*, E_4^*\}$。

5.4.5　节能改造费用分摊

节能改造费用分摊的实质是对节能改造的外部性内部化。在维持节能改造联盟稳定与效率以及保证达到合作目标的前提下，满足各费用分摊主体的利益诉求，节能改造费用分摊向量可表示为

$$\begin{aligned}\boldsymbol{C}^{*} &= \{C_1^*, C_2^*, C_3^*, C_4^*\} \\ &= \{(B_1-R_1-E_1^*), (B_2-R_2-E_2^*), (B_3-R_3-E_3^*), (B_4-R_4-E_4^*)\}\end{aligned} \tag{5.20}$$

第 6 章

居住建筑节能改造费用分摊机制设计

6.1 节能改造费用分摊机制的含义

“机制”一词最早用于描述机械构成及其运行原理，后常用于医学相关领域，用于指代生命系统各组成部分间发生的变化及相互关系，现已被广泛应用于解释自然及社会领域中存在的现象，解释现象背后起决定性作用的运行与组织变动规律。费用分摊机制是指在居住建筑节能改造费用筹集、支付等实施的时间段里，各主体间组织与协调的方式。在节能改造过程中，费用分摊机制起着基础、根本的作用。有了良好的费用分摊机制，才能促进各主体间有效合作，面对外部变化时，才能够及时修正不合时宜的举措，最终达到最优目标。本章将费用分摊机制划分为费用来源、费用支付与节能量交易（图 6.1）三个部分加以阐述，并指出相关信息披露与共享机制是实现节能改造费用市场化分摊的关键，基于此提出了政策性建议。

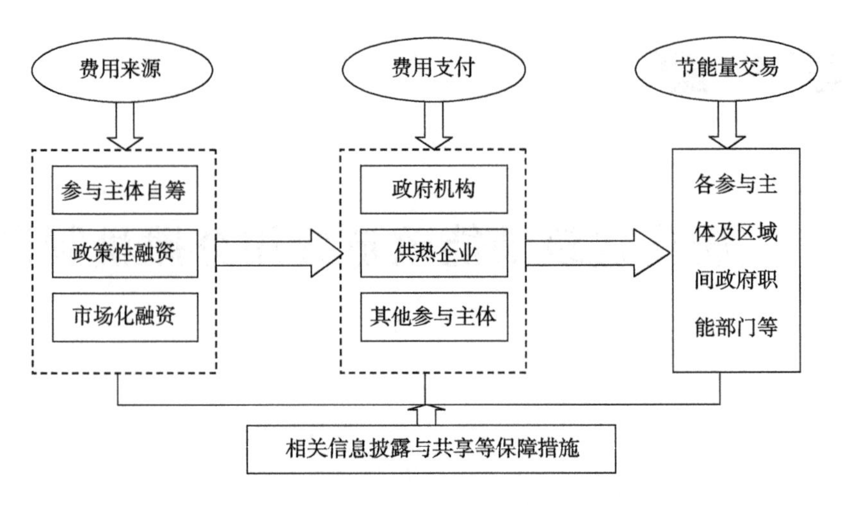

图 6.1　节能改造费用分摊机制概念模型

6.2　节能改造投资费用来源

居住建筑节能改造所需费用来源除各参与主体自筹以外，还存在其他费用来源与渠道，按照费用来源不同可划分为政策性融资与市场化融资等渠道。政策性费用主要来源于政府、政策性金融组织及国际组织等，具有一定的引导性与公益性，包括经济补助、税收减免、特殊贷款等。

6.2.1　政策性费用来源

政策性融资对于引导和带动居住建筑节能改造有着不可或缺的作用，但是由于政策性资源有限，无法寄希望于其从根本上解决节能改造全部费用问题。

1. 财政补贴

与居住建筑节能改造相关的财政补贴主要包括两类，一类是专项用于既有建筑节能改造的财政补贴，另一类是政府节能专项补贴，包括国家节能专项补贴与地方节能专项补贴[148]，详见表 6.1。

表 6.1　既有建筑节能改造专项补贴主要内容

财政补贴类别		主要内容
既有建筑节能改造专项补贴	中央财政补贴	中央财政安排专项资金用于北方采暖区居住建筑供热计量与改造，采用转移支付方式由省级职能部门负责具体项目实施及资金发放，范围包括围护结构改造、室内供热系统计量及温控改造、热源与供热管网热平衡改造等[148]。中央财政补贴资金主要根据地方所在气候区、改造任务量、节能改造效果及实施进度等多种因素进行分配，将严寒地区与寒冷地区作为气候区奖励的基准类别，按照严寒地区 55 元/平方米，寒冷地区 45 元/平方米的标准实施补贴，将围护结构节能改造、室内采暖系统改造、热源与供热管网作为单项节能改造项目，并规定了对应的分配权数[148]
	地方财政补贴	例如，《河北省既有居住建筑供热计量与节能改造实施方案》明确获取中央财政资金奖励的前提条件是完成工作量及节能效果要达到目标要求。山西省太原市在供热计量与改造中央财政补贴 45 元/平方米，山西省级财政补贴 45 元/平方米的基础上，再由太原市级财政补贴 90 元/平方米；长治市采取中央、省级、市级财政按照 1∶1∶1 的方式实施补贴；朔州市以政府担保、国家开发银行贷款方式，解决市级财政节能改造专项补贴。内蒙古鄂尔多斯市除中央与自治区补助资金外，剩余资金由市、区两级政府分别负担。河南省开封市在中央及省级财政补贴以外，由市级财政按照 45 元/平方米的标准实施补贴[148]

除此之外，国家节能专项补贴、地方节能专项补贴等政策也对居住建筑节能改造有所涉及[149]。国家节能专项资金于 1981 年设立，主要用于节能基础建设与技术改造项目[149]。近年来，为实现“十一五”期间单位 GDP 能耗降低 20%、“十二五”期间单位 GDP 能耗降低 16%的约束性指标，我国先后颁布实施了一系列的行业规范性文件，如《节能技术改造财政奖励资金管理暂行办法》（财建〔2007〕 371 号）、《合同能源管理项目财政奖励资金管理暂行办法》（财建〔2010〕 249 号）、《节能技术改造财政奖励资金管理办法》（财建〔2011〕 367 号）等[149]，用以规范国家节能专项资金的申报及使用，确定了中央财政安排专项资金采取“以奖代补”方式对企业实施节能技术改造与合同能源管理项目予以适当的支持与奖励[148]。

地方节能专项资金是国家节能专项资金的有效补充，主要来源于地方财政，根据地方实际情况对重大节能项目建设、汰换高耗能生产工艺与设备等进行资金支持，主要采取以奖代补、财政补贴及贷款贴息方式进行支持[148]。例如，山西省于 2007 年安排专项资金 6.28 亿元对节能项目建设与改造实施支持[148]，并于 2008 年出台《山西省节能专项资金管理办法》，规定专项资金来源于山西省财政预算安排、山西省煤炭可持续发展基金安排以及市县两级政府设立的节能专项资金等，支持方式主要采用贴息、补助、拨款、以奖代补等，明确将建筑节能作为主要支持对象[148]；山东省与济南市相继于 2007 年与 2010 年出台了相关资金使用办法，对山东省与济南市两级节能专项资金的来源及使用进行了规范，均明确建筑节能领域作为节能专项资金的支持对象[148]；河北省于 2009 年安排节能专项资金 6.79 亿元，统筹安排近千个节能减排项目，并于 2010 年出台了《河北省省级环境保护以奖代补专项资金管理办法》，将省级环保专项资金的分配由单纯的补助型调整为奖励补助型，分配机制的改进促进了专项资金的规范化管理，保障了专项资金专款专用[148]。

2. 税收优惠

2012 年 6 月由国务院印发的《“十二五”节能环保产业发展规划》明确要求：严格落实并不断完善现有节能、节水、环境保护、资源综合利用税收优惠政策[149]。全面改革资源税，积极推进环境税费改革，落实节能减排相关税收优惠政策[149]。与财政补贴类似，政府基于一定社会经济目的，对企业从事的经营行为实施税收减轻或免除等优惠政策称为税收优惠，对于节能改造相关经营行为而言，税收优惠的方式主要包括企业所得税减免与节能投资税额抵免等优惠措施，具体情况详见表 6.2[149]。

表 6.2　节能改造税收优惠主要内容

类别	主要内容
企业所得税减免	《中华人民共和国企业所得税法》及其实施条例规定，企业从事符合条件的环境保护、节能节水项目的所得，自项目取得第一笔生产经营收入所属纳税年度起，第一年至第三年免征企业所得税，第四年至第六年减半征收企业所得税[150]。符合条件的环境保护、节能节水项目，包括公共污水处理、公共垃圾处理、沼气综合开发利用、节能减排技术改造等，项目具体条件与范围由国务院财政、税务主管部门会同国务院有关部门制定[150]
节能投资税额抵免	企业配置用于环境保护、节能节水、安全生产等专用设备的投资额，可以按照一定比例实行税额抵免[150]。税额抵免是指当企业购买《环境保护专用设备企业所得税优惠目录》、《节能节水专用设备企业所得税优惠目录》与《安全生产专用设备企业所得税优惠目录》规定的环境保护、节能节水、安全生产等专用设备的，该专用设备投资额的 10%可以从企业当年的应纳税额中抵免，当年不足抵免的，可以在以后 5 个纳税年度结转抵免[150]

3. 新型墙体材料专项基金

烧结黏土砖在一段时期内是广泛应用于我国建筑领域的主要建筑材料之一，由于其具有破坏耕地资源、生产能耗较高等缺点，现已在我国建筑领域被限制使用，其替代品是砌块等全新的外墙建筑材料。为引导新型墙体材料的推广与使用，我国专门设立了新型墙体材料专项基金，该基金主要用于扶持新型墙体材料的研究与使用，从而达到促进节约能源与保护耕地的总体目的[150]。该基金全额纳入地方财政预算管理，实行专款专用，年终结余结转纳入下一年安排使用，国家发改委负责制定并发布该基金的相关政策，在地方建设行政主管部门设立专门办事机构，负责该基金的使用管理等日常事务[150]。

2007 年 12 月，财政部与国家发改委印发了《新型墙体材料专项基金征收使用管理办法》（财综〔2007〕77 号），该办法规定：凡新建、扩建、改建建筑工程未使用《新型墙体材料目录》规定的新型墙体材料的建设单位，应按照规定缴纳新型墙体材料专项基金，按照规划审批确定的建筑面积以及每平方米不超过 10 元的标准，预缴新型墙体材料专项基金[151]。

在使用方面，该办法明确了新型墙体材料专项基金的适用范围，主要包括新型墙体材料生产技术与设备更新的贴息与补助，新型墙体材料新产品、新工艺及应用技术的研发与推广，新型墙体材料示范项目与农村新型墙体材料示范房建设及试点工程的补贴，发展新型墙体材料的宣传培训等[37]。

建筑物屋面、外墙体及门窗提升改造是居住建筑节能改造的重要方面，在围护结构改造过程中需要用到大量新型墙体材料，属于新型墙体材料专项基金的适用范围，有可能成为节能改造费用的来源之一。例如，河南省郑州市在进行既有建筑节能改造过程中，从市级新型墙体材料专项基金解决部分费用，按照 20 元/平方米对节能改造进行补贴。

4. 住宅专项维修资金

商品住房在建成交付业主使用后，开发商一般会承诺一定时限作为履行保修义务的期限，保修期之外的房屋修缮费用应由业主或物业公司自筹，住宅专项维修资金由此应运而生，主要用途在于商品住房共用区域的修缮与改进。商品住房的共用区域主要包括不同业主间相互毗连的部位、附属于商品住房的由全体业主共同拥有的附属设施及设备等。

新版《住宅专项维修资金管理办法》于 2008 年 2 月颁布实施，明确了专项维修资金的收取、使用等内容，住宅专项维修资金由住宅的业主、非住宅业主按照所拥有的建筑面积缴存专项资金[152]。省级职能部门根据本地区实际，制定单位建筑面积缴存数额。在既有住宅改造方面，山东省济南市将住宅专项维修基金作为一种补贴形式，对节能改造行为在一定水平上予以支持，取得良好的实践效果。

5. 住房公积金

我国自 1998 年开始以住房商品化、社会化为方向的住房制度改革，住房公积金制度应运而生，成为住房分配货币化、法制化与社会化的载体，住房公积金由供职单位与雇员按照相应百分比共同缴纳[152]，是缓解职工住房紧张的重要举措，国家要求用人单位必须为雇员缴纳，具有一定的强制性，同时住房公积金还具有长期缴纳、相互帮助、适时返还等特征，国务院于 2002 年印发的《住房公积金管理条例》对住房公积金的缴存、使用等做了详细规定[152]。

近年来，各地开展了对于住房公积金用途的体制创新，将其用于既有建筑节能改造就是其中重要一项。北京市与甘肃省兰州市相关部门分别于 2008 年与 2012 年出台规定，要求居住建筑在实施节能改造过程中，应当由居民个人承担的费用部分，可以向相关部门申请使用住房公积金。此外，山东省济南市、临沂市，以及新疆乌鲁木齐市等地也就住房公积金应用于节能改造方面做了有益探索与实践。

6. 政策性贷款

政策性银行是指由政府创立、保证或者参股的，专门为配合与贯彻政府特定的经济社会政策或意图，直接或间接从事某种特殊政策性融资活动的金融机构，我国政策性银行包括中国进出口信贷银行、中国农业发展银行与国家开发银行[153]。政策性贷款是指政策性银行在年度贷款总体额度控制以内，根据项目与贷款的匹配程度及企业经营状况，按照一定规定对贷款项目实施审定，以决定是否接受贷款申请。效益是政策性银行贷款需要考虑的要素之一，政策性贷款是目前中国政策性银行的主要资产业务[153]。与商业贷款相比，政策性贷款对于产业发展等方面具有一定的引导意义，尽管效益、利率也是决定是否放款的依据，但政策性贷款具有典型的非营利性，因此在利率、贷款周期等方面具有较大的优惠力度与空间；但与财政补贴及拨款不同，政策性贷款并非无偿使用，需要支付一定的利息，同时按时偿还是政策性贷款的先决条件，这与商业贷款具有相同的特征。

在节能领域，国家开发银行于2005年与中国节能投资公司签署《金融合作框架合同》，根据此项框架合同，国家开发银行于2005～2011年向该企业供应百亿元的政策性贷款，主要用于环保节能及新能源开发运用领域，对节能新技术、新方法进行有益尝试与探索，为新技术、新方法的全面推广与实施奠定基础，如节约型经济示范区综合开发、风电与生物质能发电产业化、城市垃圾资源化开发、重要水域环境治理、建筑节能材料产业化示范、燃气清洁汽车市场化推广等。

7. 国际合作

1）政府间合作

（1）中德合作项目：自2005年11月开始，历时五年，中国住建部与德国政府合作“中国既有建筑节能改造项目”，由德国联邦政府提供500万欧元的项目启动经费，中国提供配套经费人民币4 000万元，分别在北京、新疆乌鲁木齐、河北唐山、山西太原等地实施了一批节能改造示范性工程，其中有北京惠新西街12号楼、唐山河北一号小区、乌鲁木齐操场巷社区、太原长风小区等节能改造项目，起到了节能示范性作用，为日后节能改造实践及研究工作提供了丰富的经验积累[139]。

（2）中荷合作项目：中国与荷兰于2007年合作成立北京建筑技术发展有限责任公司，在建筑节能领域开展广泛而深入的合作，该公司主要业务包括热源、供热管网的节能改造、既有建筑节能改造工程服务及其他建筑节能咨询服务[154]。将建筑节能新技术新模式应用于既有建筑节能改造实践中，对北京朝阳区皇木厂项目进行供热系统管网改造，改造面积达18万平方米[154]，并对锅炉等热源实施改造。此外，荷兰国家科学研究院还参与了“中国终端能效项目”等科研课题，参与编制了建筑节能相关技术参考资料等[154]。

（3）中法合作项目：2006年，法国开发署（Agence Françcaise de Développement，AFD）、法国环境与能源控制署（Agence de I’Environnement et de la Maitrise de I’Energie，ADEME）等具有法国政府背景的机构与中国湖北省建设厅建立了合作伙伴关系，针对既有建筑方面实施相关创新性研究。为在中国广泛开展既有建筑节能改造提供行之有效的融资模式基础，作为研究成果的《推动能效投资——住宅领域的案例分析》一书于2008年出版。

2）国际金融机构

国际金融机构是指由相关国家共同出资组建、共同管理的国际金融组织，比较常见的有世界银行集团、亚洲开发银行等。其中，世界银行贷款主要是指国际复兴开发银行（International Bank for Reconstruction and Development，IBRD）贷款和国际开发协会（International Development Association，IDA）信贷，其目的是通过长期贷款的支持和政策性建议帮助会员国家提高劳动生产力，促进发展中国家的经济发展和社会进步，改善和提高生活水平，其特点是贷款期限较长，利率较低，但审查严格、手续繁多[150]。例如，2010 年世界银行向新疆乌鲁木齐市贷款一亿美元，主要用于城市供热系统的升级改造，涉及热源、供热管网及热电联产的节能改造等。项目实施后，对减少调峰锅炉房运行时间、减少烟尘及灰渣等污染物排放均起到有效作用，实现了节能减排的预定目标，有效改善了乌鲁木齐市区的环境情况。

2008 年，亚洲开发银行与渣打银行及节能服务公司合作，提供 8 亿元人民币的贷款，主要用于中国现有的楼宇设施节能改造，并帮助建设能效更高的“绿色建筑”。2011 年，亚洲开发银行与浦发银行联手，在绿色信贷方面开展合作，为既有建筑实施节能改造提供资金支持，从而减轻既有住宅的能源消耗，使其在使用运行阶段最大限度地达到节约能源的目标。为此，浦发银行从亚洲开发银行也相应获得了 3 亿元人民币的货币补偿[150]。

6.2.2 市场化投资费用筹措模式

1. BOT 模式

BOT 是建造（building）-运营（operation）-移交（transfermation）的简称，是指政府或政府性机构以一定的特许经营权利吸引民营资本介入，许可其对基础设施或其他项目设计、建设、融资、运营并回收投资、获取利润，在特许经营期限届满后将项目移交或转让给政府，是民间资本参与基础设施或其他项目、向社会提供公共服务的投融资模式[155]。

将 BOT 模式引入居住建筑节能改造领域，开拓市场化的费用来源，可有效降低对政府财政的依赖。从权利转移角度分析，政府或政府性机构与节能服务公司签订特许经营权协议，节能服务公司获得节能改造项目的特许经营权，并在特许权期限届满后予以交还[155]；从责任主体的角度分析，特许经营权协议生效后，节能改造项目的建设、运营权利与义务由节能服务公司承担；从费用来源角度分析，节能改造费用由节能服务公司通过各种渠道予以解决，政府不提供担保资金，但可适当贷款或参股，共同投资。此外，BOT 模式还可以有效分散项目风险，由于节能改造项目所需费用规模较大，投资回收期相对较长，效益核算不明确等，实施节能改造具有一定的风险，采取 BOT 模式可将风险在项目所有者与经营者间进行分担，从而减轻单一主体所面临的风险水平。但是，由于居住建筑节能改造所有权主体分散，参与者众多，按照传统的 BOT 模式实施节能改造难度较大。

在实践过程中，BOT 模式根据项目实际情况，具有多重演变形式，主要包括 BT、BOO（build-own-operate，即建设-拥有-经营）、BOOT（build-own-operate-transfer，即建设-拥有-经营-移交）、BIT（build-lease-transfer，即建设-租赁-移交）、TOT（transfer-operate-transfer，即移交-经营-移交）等[155]。

2. PFI 模式

PFI 是英文“private finance initiative”的简称，意为“民间主动融资”，由英国人于 1992 年提出，是一种基础设施建设费用筹措与运营管理新模式，指政府部门根据基础设施建设规划与需求，提出拟建设项目并通过招标方式，由获得特许经营权的民营机构进行公共基础设施项目的建设及运营，并在特许期结束时将所经营的项目完好地、无债务地归还政府，而民营机构则从政府机构或接受服务方收取费用以回收成本的项目融资方式[155]。

与 BOT 模式相比，PFI 模式具有如下特点：①项目主体单一，PFI 模式条件下的项目主体通常为本国民营机构，而 BOT 模式下的项目主体则呈现出多元化的特点，既可能是本国民营机构，也可能是国外机构；②实行项目代理制，在 PFI 模式下，通常项目主体自身并不具有建设开发能力，在项目建设开发过程中，广泛应用各种代理关系，并在合同中对这些代理关系予以明确[155]；③与 BOT 模式相比，PFI 模式在特许经营权到期后并不局限于向政府移交这种处理方式，假如民营机构没有获取预期效益，可向政府申请延续项目的特许经营权[155]。

3. ABS 模式

ABS（asset-backed securities，即资产支撑证券化）模式是指将目前缺乏资产流动性与速动性，但在可以预计的将来能够产生大量现金收益的资产，通过资信等级评定与资源重组，将项目预期收益证券化，以此筹集项目建设费用[155]。ABS 模式主要包括以下特征：①通过证券市场发行项目资产证券筹措项目建设费用；②信用等级高，易于推销；③有效分散投资风险；④较适合大规模融资。与 BOT 模式相比，ABS 模式下的项目资金筹措可减少民营机构对于项目的控制，在证券发行期间，建设项目资产所有权由民营机构控制，但项目经营决策权利仍然由原始权益人支配[155]。目前由于我国 ABS 模式法律配套尚不完善，在国内采用此模式进行节能改造存在法律与政策上的瓶颈。

4. 合同能源管理

合同能源管理是一种新型的基于社会化与市场化的节能操作机制，它将实施节能行为所引致的能源费用支出减少额用以支付节能项目的相关费用，合同能源管理模式的一般操作流程主要包括：①业主与节能服务公司签订具有委托代理性质的能源服务合同，就实施节能服务所能够达成的能源节约目标进行约定；②节能服务公司受托为业主提供节能全程服务，可能包括能耗情况调查、节能潜力评估、节能相关融资以及改造实施等服务；③按照能源效益分享模式及合同约定收回节能投资并获取应得利润，按照付款方式又可将其分为节能效益分享型、能源托管型、节能量保证型、运行服务型等[83]。

该模式支持业主利用节能改造有可能带来的效益为节能改造行为实施提供支持，对于减少居住建筑维护费用、增强居住建筑节约能源水平等方面都有着积极意义。将此种模式应用于建筑节能或居住建筑节能改造领域，一方面有利于降低所需费用筹措压力与风险，另一方面可以有效提升经济主体参与实施节能改造的主观能动性。目前，合同能源管理应用于建筑节能及节能改造领域尚处于起步阶段，相关法律法规尚需进一步完善，金融配套、平台建设等领域也亟待提升。

5. 清洁发展机制

1997 年，为避免陷入气候变暖的全球性危机，各缔约方在日本京都召开了

《联合国气候变化框架公约》缔约方第三次会议，通过了名为“京都议定书”的国际性公约，其目的是将大气中的温室气体含量稳定在一个适当的水平，进而防止剧烈的气候改变对人类造成伤害，1998 年 5 月中国签署该条约并于 2002 年 8 月最终核准了该议定书[156]。截至 2014 年 10 月，全球共 185 个国家和地区签署了该议定书，但作为主要温室气体排放国家的美国、加拿大等国未签署该条约[156]。

清洁发展机制是《京都议定书》引入的灵活履约机制之一，其内容实质是通过允许发达国家在发展中国家投资实施节能减排项目，以达到减少温室气体排放，履行发达国家《京都议定书》中所承诺的节能减排义务[156]。截止到 2011 年年初，已有近 3 000 个 CDM（clean development mechanism，即清洁发展机制）项目获得国家发改委批准，内容涉及小水电、废弃物发电与风电等绿色电能项目、工业用能改造等，仅在 2011 年年初就已正式批准了 53 个 CDM 项目[156]。地方政府与中小企业也逐步意识到 CDM 模式的巨大潜力，一批清洁发展机制技术咨询部门与企业相继成立，对中国企业与西方国家就 CDM 项目展开广泛合作起到了显著的推动作用[156]。

将清洁发展机制应用于建筑节能领域尚处于起步阶段，联合国环境署（United Nations Environment Programme，UNEP）于 2008 年年底发布研究报告《京都议定书，清洁发展机制与建筑领域》，该报告呼吁将清洁发展机制引入建筑节能领域，该报告指出，目前全球的温室气体 1/3 排放量都来自公共和民用建筑[156]。中国及巴西、印度、南非等新兴市场国家与地区的崛起，给建筑节能产业带来了前所未有的机遇，据推测温室气体的排放水平将在未来半个世纪内持续增长。该报告据此提出了相关建议，主要包括制定并实施新的建筑节能标准、构建建筑节能 CDM 项目基准体系、发展节能评估技术和提供必要的政策刺激等。

6.3　节能改造费用支付

节能改造投融资主体、与其他参与主体的关系以及费用支付时间是费用支付方式的三个重要因素。以上因素的确定与权属形式、效益分享情况等密切相关，共同构筑了居住建筑节能改造相关费用的支付模式。

6.3.1　供热企业主导、多方参与改造模式下的费用支付

由于热源与一次管网权属较为明确，一般属于供热企业，实施节能改造对于供热企业来说有着明显的效益，如降低能源消耗，减少新增热源投资等，并且热力供应商是此效益的长期受益者。因此，供热企业对于热源与一次管网有着较强的积极性，应作为热源与一次管网节能改造的投、融资主体，筹集节能改造相关费用、向政府申请政策性资金、向金融机构申请市场化融资等。其他参与各方包括政府、银行、专业企业、社区居民等。正如前文所述，供热企业主导实施热源与一次管网节能改造，可产生明显的正外部性，外部性受体主要包括作为社会代理人的政府、社区居民等。政府应通过正向刺激措施，如财政补贴、税收减免、向金融机构贴息及其他政策性融资手段，参与热源与一次管网节能改造费用分摊。在费用支付时间上，政府的财政补贴及税收减免应以一次性投入为主；同时，社区居民由于热源与一次管网的节能改造也享受到了部分外部效益，如室内热舒适度的提升、节约采暖所需能源费用等，社区居民应该通过向供热企业购买上述效益的形式参与节能改造费用分摊，购买形式可体现在供热企业适当提升采暖价格上，采用逐年支付的形式或在购买房屋时一次性支付相应比例费用，由开发商以供热入网费用的形式支付给供热企业。此外，由于某些供热企业在节能改造技术层面上存在不足，可委托专业的节能服务公司实施节能改造，签订委托代理合同确立相关权利与义务，如图 6.2 所示。

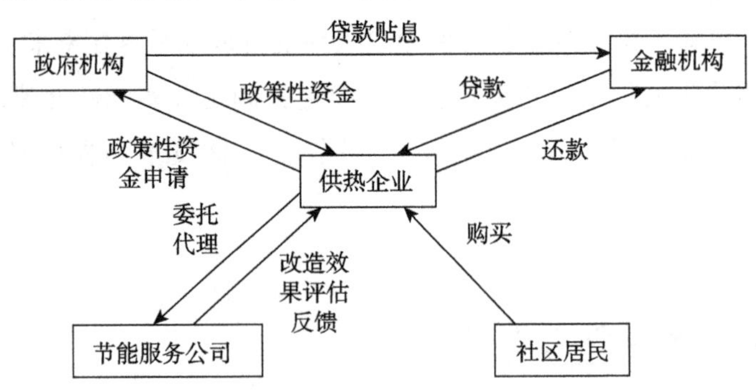

图 6.2　供热企业主导、多方参与改造模式下的费用支付

6.3.2　政府主导、居民参与、专业服务企业实施改造模式下的费用支付

对于热交换站、二次管网而言，权属较为模糊复杂，有的属于社区全体业主，有的属于物业公司，无法对其进行明确界定；室内采暖系统与围护结构尽管权属相对明晰，但分属于不同居民住户，决策意见分散，都存在着确定节能改造投、融资主体的难题。从效益角度分析，尽管节能改造效益明显，但分属于不同参与主体，且投资回收期较长，在未达到一定规模的条件下，难以产生客观的效益，无法有效吸引民间资本的积极介入。

对于社区内供热系统与围护结构的节能改造，在宏观层面上，应坚持政府主导条件下，通过政府相关职能部门或政府委托机构（如专业企业）的能耗普查，确定拟改造区域，在确保节能改造规模效益的前提下，通过招投标方式向社会招募专业企业实施节能改造。在微观（项目）层面上，各受益主体通过向节能服务公司购买效益的方式参与节能改造费用分摊。政府主要起到融合各方利益诉求的积极效果，消弭各参与主体费用及效益分配间的冲突。同时，居民、供热企业、物业公司等受益主体可以向政府职能部门申请政策性资金的支持（如住房公积金、住房专项维修资金、新型墙体材料专项资金等），也可以通过向金融机构申请低息贷款等市场化手段筹措费用，作为向节能服务公司支付费用的全部或者一部分，费用支付关系参见图 6.3。

6.3.3　房地产及物业公司主导、多方参与改造模式下的费用支付

在房地产及物业公司主导、多方参与改造的模式下，房地产及物业公司作为节能改造的投资主体和牵头人，同时也是节能改造的外部性供体，在充分考虑外部效益的基础上，外部性受体应通过一定方式向房地产及物业公司返还一定比例的外部效益。例如，房地产及物业公司可向政府申请部分政策性资金，政府可通过财政补贴、税收减免、贷款贴息等方式向房地产及物业公司返还一部分额外效益；实施节能改造并由此受益的社区居民可通过适当方式，如提升物业服务费用缴纳额度，向房地产及物业公司返还一部分外部效益。此外，在商品住宅社区中，居民取暖费多是通过物业公司代收代缴方式向供热企业缴纳的，物业公司可以此作为筹码向供热企业争取，由其向物业公司返还部分外部效益，在多方参与模式下推动居住建筑节能改造，其费用支付关系如图 6.4 所示。

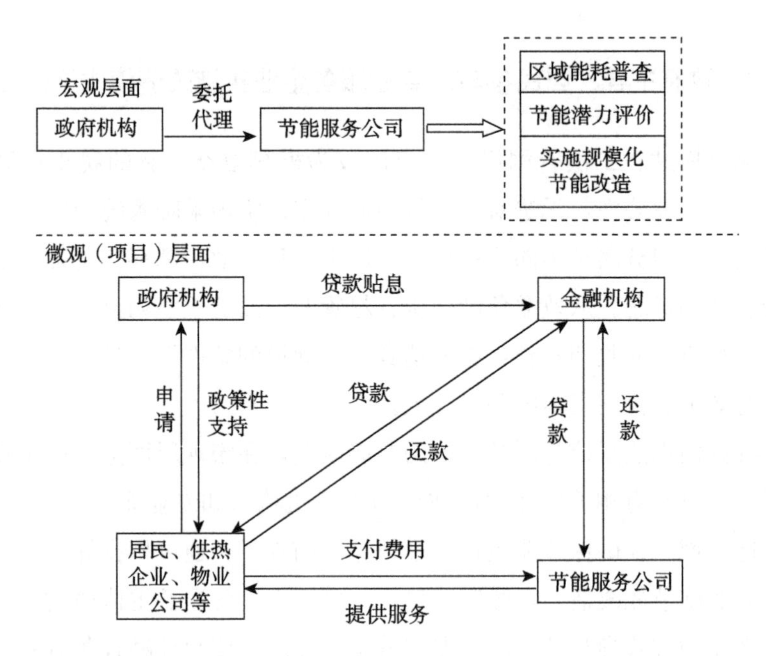

图 6.3 政府主导、居民参与、专业服务企业实施改造模式下的费用支付

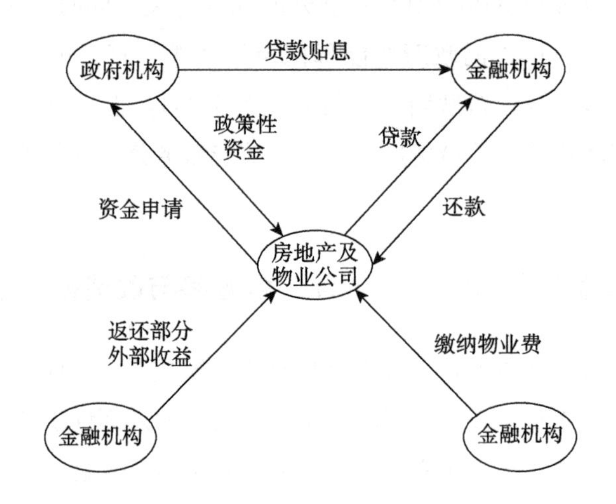

图 6.4 房地产及物业公司主导、多方参与改造模式下的费用支付

6.3.4 合同能源管理模式

合同能源管理模式，又称节能服务公司改造模式，其主要思路为节能服务公司投资改造，从与供热企业协议的热费价差及改造后节省的能源费用获取收益回报[157]。

此模式成功用于世界各地的大型公共建筑，其特征为节能效益显著。但此模式应用于居住建筑节能改造，则其缺点在于节能改造企业的收益要在改造后若干年收回，资金来源于成百上千个小区业主的每年部分节能收益（表现为交纳的采暖费）。由于各种原因，有少量业主可能没有交纳采暖费，这将对节能改造企业的收益带来很大不确定性，而且企业通常没有太多精力通过法律途径解决此类问题。在这种情况下，形成决策系统众多不确定性因素。这个问题可以通过市场工具，如通过采暖费交纳的合理制度以及相应的保险机制寻求解决办法。对于金融贷款机构，如果介入居住建筑节能改造，将面临与节能改造企业同类问题。

合同能源管理运用的缘由为大型公共建筑节能改造资金投入量大、业主单位资金紧张，因此节能服务公司引入金融机构贷款实施节能改造，并将其显著的未来节能效益分享给业主单位和金融机构。而在居住建筑节能改造中，每户业主投入的改造资金通常在一万元左右，只要改造方案优秀并得到业主认可，就不存在较大支付困难。因此，在居住建筑节能改造中，合同能源管理模式的最大优势并未得到明显展现。

合同能源管理模式在解除上述制约条件、建立一系列配套制度与系统平台后，在居住建筑节能改造领域存在较大发展空间，但这个过程相对复杂而漫长。

6.4　案例分析

6.4.1　项目背景

选取案例位于河北省石家庄市桥西区，当地属暖温带大陆性季风气候，季节特征明显，春、秋季较短，夏、冬季较长，其中春季约55天，夏季约105天，秋季约60天，冬季约145天，根据《严寒和寒冷地区居住建筑节能设计标准》（JGJ26—2010），石家庄属于寒冷（B）区，计算采暖期97天，采暖期室外平均温度0.9℃[158]。

石家庄市区范围内既有居住建筑面积约为5 516万平方米，其中高耗能建筑占85%左右。这些建筑多于20世纪80～90年代建成，建筑围护结构、室内采暖系统及室外供热管网在一定程度上有所老化，房屋内部热环境条件不尽如人意，建筑物能源消耗水平居高不下。对于此类建筑，可在深入调查研究的基础上，对部分节能潜力巨大的建筑实施节能改造。石家庄市自 2007 年开始实施节能 65%的设计标准，并于 2008 年颁布实施《石家庄市民用建筑节能管理办法》，开始有序实施既有建筑节能改造[158]。

该节能改造项目为两栋 6 层砖混结构建筑，总建筑面积 9 561.6 平方米，建成于 1997 年，为该市首批商品住宅，产权清晰，住户多为房屋所有者，少量为租住户。实施节能改造时间为 2008 年，改造实施期为一年，经过调查，在实施节能改造后，居住功能得到明显改善，冬季采暖期温度比节能改造前提升 3℃左右，夏季室温比节能改造前低 2℃左右；未加建、贴建建筑，实施屋面“平改坡”，新增 232 平方米采暖建筑面积。

6.4.2 节能改造内容

1. 围护结构节能改造

拟改造范围内建筑保温效果较差，部分墙体具有结露发霉及其他破损情况，属于典型的非节能住宅。外墙体为“三七”黏土砖墙、屋面均为平屋顶，外窗为单层玻璃、铸铁窗框。两栋建筑物体形系数均在 0.28 左右，层高 2.8 米，各朝向外窗窗墙比平均为 0.26。采取外保温形式对外墙实施保温改造，在外墙外侧黏贴 100 毫米可发性聚苯乙烯板（EPS 保温材料）；在原有屋盖基层上加设 60 毫米厚的挤塑聚苯乙烯板，并实施“平改坡”工程。外窗加装中空玻璃塑钢窗，洞口四周采用聚氨酯发泡做填充密封处理，围护结构重要指标节能改造前后对比见表 6.3。

表 6.3 围护结构重要指标节能改造前后对比

指标		外墙	屋面	外窗
面积 F/平方米		4 389.8	1 493.3	1 141.4
外墙传热系数的修正系数 ξ_q		0.90	—	—
屋面传热系数的修正系数 ξ_w		—	0.99	—
传热系数 K/［瓦/（平方米·开）］	改造前	1.89	1.25	6.3
	改造后	0.84	0.43	3.9
	变化值	1.05	0.82	2.4

2. 室内采暖系统及热计量改造

在社区热力入口处及楼栋单元加装热计量表，用以计量节能改造效果及建筑物耗热量指标。将原有上供下回单管顺流式系统加装跨越管，用以对进入散热器的流量进行调节，同时在一定程度上减少垂直失调等问题。为住户散热器装配温度控制设施，住户可根据自身情况对室内温度进行把控，有效降低能源消耗，室内采暖系统及室外供热系统节能改造指标见表 6.4。

表 6.4　室内采暖系统及室外供热系统节能改造指标

指标	节能改造前	节能改造后
室内采暖系统年平均效率/%	61	68
二次管网平均供回水温度/℃	46～55	54～60
二次管网输配流量/（千克/秒）	1.46	1.77
热交换站改造前后效率提升/%	10	
热交换站改造前年耗电量/千瓦时	57 189.09	

3. 室外管网及热交换站改造

该项目采用市政集中供热方式，本次节能改造仅对二次管网及热交换站进行局部改造。对二次管网破损的保温层实施修补，在楼栋热力入口处设置平衡阀对二次管网进行水力调节，对热交换站的循环水泵以定压差方式实施变频控制，循环水泵频率可根据实际需要进行调节，从而使循环水泵电能耗损水平达到预期水平。该热交换站除服务于本案例两栋楼外，尚承担本区域其他建筑的采暖热交换任务（约 20 万平方米采暖面积），可根据采暖面积比例将耗电量折算到拟改造楼栋。

6.4.3　全寿命周期费用估算

项目全寿命周期自开展节能改造前期调查开始，改造实施费用为 131.84 万元，数据取自技术交底资料，发生于改造实施期年初；前期准备费用取改造实施费用的 5%，为 6.59 万元，主要用于前期调研、节能潜力评估及居民动员等项支出，于前期准备期，即项目第一年年初发生，见表 6.5。

表 6.5　节能改造实施费用估算表

序号	项目	单位	单价/元	总价/元	备注
1	设施设备拆除费用	—		48 741.4	—
1.1	外墙面层拆除	平方米	6.36	27 919.13	含拆除清洗等费用
1.2	屋面各层拆除	平方米	5.85	8 735.81	包括防水、保温、找平、找坡等各层的拆除
1.3	门窗装修拆除	樘	7.13	2 923.3	按拆除门窗樘数计算
1.4	垃圾道拆除	平方米	113.40	8 230.12	—
1.5	室内管道拆除	米	2.14	933.04	—
2	围护结构改造费用	—		1 056 040.48	—
2.1	外墙外保温改造	平方米	76.83	337 268.33	主材为 EPS 保温材料
2.2	屋面改造	平方米	187.16	279 486.03	加设保温材料，并实施“平改坡”工程
2.3	门窗改造	平方米	257.12	293 476.77	—
2.4	其他加固改造	—		145 809.35	楼梯间改造、阳台加固等
3	室内采暖系统改造	米	193.92	84 549.12	主材为聚丙乙烯管，包括散热器、智能热量表等安装
4	设计监理咨询费用	—		12 9081.6	—
4.1	节能改造设计费	平方米	6	57 369.6	按照建筑面积计算
4.2	节能改造监理费	平方米	7.5	71 712	按照建筑面积计算
总计		—		1 318 412.6	—

维保运营费用数据来源于现场调查，通过头脑风暴形式向项目物业人员咨询获取，详细数据见表 6.6，其中，设备设施维护增量费用产生于维保运营期各年，新增修理及替换费用产生于某年年末，报废拆除费用产生于维保运营期最后一年，残值率设定为 5%，前期准备费用与改造实施费用共同构成固定资产原值增量。

表 6.6　节能改造维保运营费用估算表　　单位：元

序号	项目	年份	费用
1	设备设施维护增量费用		—
1.1	外墙外保温维护费	维保运营期各年	10 000
1.2	屋面维护增量费用		7 500
1.3	门窗维护增量费用		7 500
1.4	管道维护增量费用		5 000
2	新增修理及替换费用		—
2.1	外墙外保温	改造完成后第 25 年	706 172.43
2.2	屋面		585 186.85

续表

序号	项目	年份	费用
2.3	门窗	改造完成后第 20 年	530 048.39
3	报废拆除费用	维保运营期最后一年	150 000

在尊重资本时间价值的基础上，采用社会折现率 8%对节能改造全寿命周期各项费用进行折现，并采用式（2.1）对节能改造全寿命周期费用进行计算。

$$
\begin{aligned}
LCC_{pv} =& 6.59+131.84\ (P/F,\ 8\%,\ 1)\ +3\ (P/A,\ 8\%,\ 38)\ (P/F,\ 8\%,\ 2)\\
&+53\ (P/F,\ 8\%,\ 22)\ +129.14\ (P/F,\ 8\%,\ 27)\\
&+15\ (P/F,\ 8\%,\ 40)\ -138.43\times 5\%\ (P/F,\ 8\%,\ 40)\\
=& 185.38\ (\text{万元})
\end{aligned}
$$

6.4.4　节能改造效益测算

按照第 4 章给出的公式和模型对实施节能改造所引发的各项效益进行测算，详见表 6.7。

表 6.7　节能改造案例效益汇总表

类别	项目	年值/元	现值/元	单位面积效益/（元/平方米）	受益主体
功能效益	热舒适度提升效益	44 318.48	433 394.85	45.33	居民
	建筑面积增加效益	—	997 600	104.33	居民
环境效益	围护结构节能效益	59 313.71	580 034.7	60.66	政府
	热交换站节能效益	4 174.8	40 825.79	4.27	政府
	室外管网节能效益	2 118.88	20 720.74	2.17	供热企业
	室内采暖系统节能效益	4 856.17	47 488.97	4.97	供热企业
	有害气体减排效益	16 608.86	162 419.7	16.99	政府
社会效益	提升区域形象	—	1 912 320	200	政府
	增加就业人数	—	16 635.84	1.74	政府
经济效益	拉动相关产业发展	—	4 020 524	420.49	政府
	减少热源重复投资	208 952.26	2 043 365.1	213.71	供热企业
	减少物业维修运营投资	24 000	234 698.4	24.55	物业公司
总计	—	—	—	1 099.21	—

根据表 6.7 可得，政府获得效益值为 704.15 元，居民获得效益值为 149.66

元，供热企业获得效益值为 220.85 元，物业公司获得效益值为 24.55 元，即 $B=\{704.15, 149.66, 220.85, 24.55\}$。

6.4.5 节能改造收益分摊测算

根据式（5.12），可求出各联盟组合条件下的收益，如下：

$R(\phi)=0$，$R(1)=510.27$，$R(2)=-44.22$，$R(3)=26.97$，$R(4)=-169.33$，$R(1, 2)=659.93$，$R(1, 3)=731.12$，$R(1, 4)=534.82$，$R(2, 3)=176.63$，$R(2, 4)=-19.67$，$R(3, 4)=51.52$，$R(1, 2, 3)=880.78$，$R(1, 2, 4)=684.48$，$R(1, 3, 4)=755.67$，$R(2, 3, 4)=201.18$，$R(1, 2, 3, 4)=905.33$

采用 Shapley 值公式求得收益分摊向量，如下：

$$
\begin{aligned}
\boldsymbol{R}_1=&\frac{(1-1)!\ (4-1)!}{4!}[R(1)-R(\phi)]+\frac{(2-1)!\ (4-2)!}{4!}[R(1, 2)-R(2)]\\
&+\frac{(2-1)!\ (4-2)!}{4!}[R(1, 3)-R(3)]\\
&+\frac{(2-1)!\ (4-2)!}{4!}[R(1, 4)-R(4)]\\
&+\frac{(3-1)!\ (4-3)!}{4!}[R(1, 2, 3)-R(2, 3)]\\
&+\frac{(3-1)!\ (4-3)!}{4!}[R(1, 2, 4)-R(2, 4)]\\
&+\frac{(3-1)!\ (4-3)!}{4!}[R(1, 3, 4)-R(3, 4)]\\
&+\frac{(4-1)!\ (4-4)!}{4!}[R(1, 2, 3, 4)-R(2, 3, 4)]\\
=&655.68
\end{aligned}
$$

同理，可求得 $\boldsymbol{R}_2=101.19$，$\boldsymbol{R}_3=172.38$，$\boldsymbol{R}_4=-23.92$，$\boldsymbol{R}_1$、$\boldsymbol{R}_2$、$\boldsymbol{R}_3$、$\boldsymbol{R}_4$ 所占比例分别为 0.724 2、0.111 8、0.190 4、−0.026 4；根据熵权法求得局中人能力综合权重分别为 0.380 9、0.209 3、0.239 2、0.170 6，将其与收益分摊比例综合，可得到最终收益分摊比例 0.810 6、0.068 8、0.133 8、−0.013 2，则住宅节能改造收益分摊向量为 $\boldsymbol{R}=\{733.86, 62.29, 121.13, -11.95\}$。

6.4.6　节能改造外部性分摊测算

外部性是节能改造实施主体效益之外的额外效益，即总效益与节能改造实施主体内部效益间的差值，由此可求得各联盟组合条件下的外部性，如下：

$E(\phi)=0$，$E(1)=395.06$，$E(2)=949.55$，$E(3)=878.36$，$E(4)=1\,074.66$，$E(1,2)=245.4$，$E(1,3)=174.21$，$E(1,4)=370.51$，$E(2,3)=728.7$，$E(2,4)=925$，$E(3,4)=853.81$，$E(1,2,3)=24.55$，$E(1,2,4)=220.85$，$E(1,3,4)=149.66$，$E(2,3,4)=704.15$，$E(1,2,3,4)=0$

根据 Shapley 值公式，可求得各局中人外部性分摊向量，如下：

$$
\begin{aligned}
\boldsymbol{E}_1=&\frac{(1-1)!\ (4-1)!}{4!}[E(1)-E(\phi)]\\
&+\frac{(2-1)!\ (4-2)!}{4!}[E(1,2)-E(2)]\\
&+\frac{(2-1)!\ (4-2)!}{4!}[E(1,3)-E(3)]\\
&+\frac{(2-1)!\ (4-2)!}{4!}[E(1,4)-E(4)]\\
&+\frac{(3-1)!\ (4-3)!}{4!}[E(1,2,3)-E(2,3)]\\
&+\frac{(3-1)!\ (4-3)!}{4!}[E(1,2,4)-E(2,4)]\\
&+\frac{(3-1)!\ (4-3)!}{4!}[E(1,3,4)-E(3,4)]\\
&+\frac{(4-1)!\ (4-4)!}{4!}[E(1,2,3,4)-E(2,3,4)]\\
=&-429.35
\end{aligned}
$$

同理，可求得 $\boldsymbol{E}_2=125.13$，$\boldsymbol{E}_3=53.95$，$\boldsymbol{E}_4=250.27$。

从外部性分摊结果来看，只有政府分摊外部性为负值，也就是说，政府作为外部性受体，需向其他局中人归还一定的外部收益。根据前文所述，可确定外部性归还系数为 0.447 9。应归还的外部收益为

$$E_1^*=0.447\,9\times(-429.35)=-192.31$$

其他局中人外部性回收值分别为

$$E_2^* = \frac{125.13}{125.13+53.95+250.26} \times 192.31 = 56.05$$

$$E_3^* = \frac{53.95}{125.13+53.95+250.26} \times 192.31 = 24.17$$

$$E_4^* = \frac{250.27}{125.13+53.95+250.26} \times 192.31 = 112.10$$

则

$$E^{\hat{}} = \{-192.31,\ 56.05,\ 24.17,\ 112.10\}。$$

6.4.7　节能改造费用分摊测算

1. 合作对策方法分摊结果

根据式（5.20）可获得基于合作对策方法的费用分摊结果，如下：

$$C^* = \{C_1^*,\ C_2^*,\ C_3^*,\ C_4^*\} = \{162.60,\ 31.32,\ 75.55,\ -75.59\}$$

2. 效益比例分摊法测算

根据式（5.2），可求得基于效益比例方法的费用分摊结果，如下：

$$C_1 = \frac{704.15}{704.15+149.66+220.85+24.55} \times 193.88 = 124.20$$

$$C_2 = \frac{149.66}{704.15+149.66+220.85+24.55} \times 193.88 = 26.40$$

$$C_3 = \frac{220.85}{704.15+149.66+220.85+24.55} \times 193.88 = 38.95$$

$$C_4 = \frac{24.55}{704.15+149.66+220.85+24.55} \times 193.88 = 4.33$$

合作对策方法与传统方法分摊结果比较见表 6.8。

表 6.8　合作对策方法与传统方法分摊结果比较

方法	列项	政府	居民	供热企业	物业公司
合作对策方法	分摊结果/元	162.60	31.32	75.55	−75.59
	分摊比例/%	83.86	16.15	38.96	−38.98

续表

方法	列项	政府	居民	供热企业	物业公司
传统方法	分摊结果/元	124.20	26.40	38.95	4.33
	分摊比例/%	64.06	13.62	20.09	2.23

就本项目而言，根据合作对策方法分摊结果，政府、居民及供热企业均需承担各自比例的节能改造费用，而对于物业公司则需进行补贴。

第 7 章

基于规制理论的政府建筑节能管理职能

7.1 微观规制理论与政府的建筑节能管理职能

7.1.1 政府规制的目的在于应对节能改造的市场失灵

规制经济学（economic regulation）是 20 世纪 70 年代以后逐步发展起来的一门新兴学科。它主要研究在市场经济体制下政府或社会公共机构如何依据一定的规则对市场微观经济行为进行制约、干预或管理，很多学者根据各自对规制的理解对其进行了不同的定义。史普博指出，“规制是由行政机构制定并执行的直接干预市场配置机制或间接改变企业和消费者的供需决策的一般规则或特殊行为”[159]。日本学者金泽良雄认为，政府规制是“在以市场机制为基础的经济体制下，以矫正、改善市场机制内在的问题（广义的失灵）为目的，政府干预和干涉经济主体（特别是对企业）活动的行为”[160]。樊纲认为，政府规制是特指政府对私人经济部门的活动进行的某种规制或规定，如价格规制、数量规制或经营许可等[161]。陈富良提出，规制是政府根据有关法律法令、规章制度，对市场主体，包括公共部门和私人部门的企业组织、事业单位及个人的经济活动进行规范和制约的一种管理方式[162]。

在经济活动中，当第三方受益的时候，当事人的个人收益小于社会收益，如果缺乏政府规制，开始的时候社会总收益可能是不变的，但在下一轮，参与改造的投资就会减少，导致社会总收益减少，这就是正外部性引起的市场失灵。传统经济学观点认为，政府规制是对市场失灵的最通常的反应，即可采取规制手段来纠正市场的主要失灵之处。而外部性是引起市场失灵的主要原因之一，规制作为政府直接干预的一种形式，可以迫使企业或个人考虑外部成本或外溢效应的一种方式，将外部效应内部化。将正外部性内部化，一种典型的政府规制行为就是依据专利法和专利制度，实施知识产权保护。专利制度和产权保护的优越性就在于它通过应用新技术的人向发明新技术的人付费的方式，使科技进步的收益部分内部化，使发明者的个人收益与创新活动和技术应用所带来的经济效益具有较强的正相关性。因而，政府规制可以使正外部效应内部化。

最初为保护资源推进建筑节能，国务院成立了由建筑材料工业局（建材局）、建设部、农业部、国家土地管理局联合组成的墙体材料革新与建筑节能领导小组，各部门在各自的职责范围内，从土地资源保护、材料生产、建造使用各过程的相关环节开展墙体材料革新和建筑节能工作。随着机构改革，各部门职责逐渐被转移分割，目前中央层面的墙体材料革新和建筑节能管理相分离，各省、市的工作也归属于不同的部门管理。据建设部 2011 年统计，我国有 29 个省（自治区、直辖市）成立了墙体材料革新办公室，其中归建设行政部门主管的有 16 个，归经济贸易委员会或发展和改革委员会管理的有 9 个；各个城市级的墙材革新办公室归口也不统一[163]。这种管理体制的不顺造成一系列问题。例如，新型墙体材料的发展与建筑节能的技术要求出现脱节；针对墙改经济激励政策与节能建筑市场配置作用相脱节；墙改和建筑节能工作脱节。现在住房和城乡建设部将拟订建筑节能的政策和发展规划、指导房屋墙体材料革新等工作的机构设在建筑节能与科技司，各地方的建设行政主管部门也相应地设立了类似机构，如陕西省住房和城乡建设厅就设有建筑节能与科技处、江苏省住房和城乡建设厅设立的类似机构名称为建筑节能与科研设计处。

20 世纪 90 年代末国家就明确要求有计划有步骤地开始建筑节能改造，但至今我国的建筑节能改造工作仍没有较好开展，尤其是居住建筑推行起来仍困难重重。当前各级建筑节能行政主管部门在既有居住建筑节能改造方面主要履行的职责是制定节能改造的规章制度、发布改造计划并监督实施、配合财政部门对改造符合要求的项目发放补贴等。这些工作虽然对推进改造、完成既有居住建筑年度改造计划起到了一定的作用，但很难常态化。在市场失灵的情况下，当前的改造模式相对于存量巨大的非节能既有居住建筑很难有根本性改变。为了更好地推进既有居住建筑节能改造，促使业主、供电部门和供暖部门都积极参与既有居住建筑节能改造，较好地解决将节能改造正外部性内部化问题，配合既有居住建筑节能改造专业管理企业的管理模式，建筑节能建设行政主管部门还需拓展以下几个方面的职能：一是协调职能；二是制定既有建筑节能改造专业管理企业资质标准并监督实施；三是制定特许改造范围划分规则并监督实施；四是作为既有居住建筑节能改造所有业主的代理人申请碳交易项目。

7.1.2 政府规制建筑节能改造市场失灵的优势

市场失灵，并非一定要通过政府才能解决，如有些外部性，通过当事人双方的私人协议安排，也能处理好。但是，在矫正市场失灵时，政府具备一些特殊的优势，主要表现在政府的征税能力、禁止力、惩罚力，以及更能节约交易成本。政府在处理市场失灵时之所以具有这些优势，是因为它具备两个突出特征，即成员的普遍同质性（universal）和强制性权力（power of compulsion）[164]。正是由于它所拥有的普遍性和强制性，决定了政府规制市场的经济管理行为的特殊性。普遍性的数量特征使政府在经济行为过程中的规模效应得以保证；因为规模巨大，将单个人联合起来从事自己不能解决的难题，并且对于一个已经确定的国家共同体，人们也不需要再花钱去建立一个自愿组织去处理某些市场失灵行为，而只需向政府机构这一既有的进步组织付费即可，这样也就能够有效降低交易成本。政府强制性权力可以让个人或企业在某些经济活动中失去自由选择的权利。

既有居住建筑节能改造涉及千家万户，量大面广，社会公众与生俱来的分散性、弱组织性，降低了社会公众主动要求实施改造的积极性。如果没有政府出台相应的政策，那么业主、供电部门和供暖部门几乎不可能达成合作协议，共同投入节能改造费用分摊，即使能协商成功，成本也会非常高，这就需要政府运用强制权力约束供电部门和供暖部门参与节能改造。同时使用征税能力对符合条件改造而不参与改造的居住建筑业主征收能源税，鼓励广大业主投入节能改造。建筑节能行政主管部门为了节能改造专业管理企业创造良好运作环境，还需要建立该行业进入和退出机制，制定特许改造范围划分规则等规范该行业良性发展。政府是公共利益的代表，具有的公信力是其他机构和组织无法替代的，节能改造行政主管部门可以作为节能改造公众的代理申请碳交易项目，改变少量零星改造不可能申请成功的局面，争取国外资金投入既有居住建筑节能改造。建筑节能改造工程实施涉及部门众多，协调任务大，需要节能改造行政主管部门运用政府优势建立协调平台和协调机制，从而大大提高协调效率，节省协调成本。

7.2 加强在节能改造方面的综合协调职能

7.2.1 统筹协调建筑供暖系统平衡

在北方采暖地区，民用建筑系统热源、热网及建筑单体构成了北方城市民用建筑系统复杂的“产能、输能、用能”系统。热源、热网及民用建筑单体在热负荷及调控方式等方面所具有的天然联系使这三部分成为一个联系紧密的整体，也导致任何一方的节能改造活动必将改变既有的系统热平衡关系、调控方式，并对另两部分的能耗现状产生影响[165]。而现阶段北方采暖区既有居住建筑节能改造主要关注的是建筑单体围护结构及室内热计量的改造。由于民用建筑系统相关各方节能改造活动的“脱节”，以及相关利益群体在节能改造过程中的利益冲突等，热源、热网及建筑单体各方所进行的节能改造往往会出现建筑单体能耗下降而整个系统整体能耗水平却不一定下降的怪现象。

由于热源、热网及民用建筑单体之间没有建立很好的沟通协调机制，相互之间改造的信息不能共享，可能会造成其他部门在节能改造决策过程中出现决策上的失误。例如，某小区建筑单体节能改造后负荷改变的相关数据未能传达给该小区的热网、热源运营商，而热网、热源运营商在对该小区的热网及热源进行改造时，仍然采用了小区改造前的原始数据，其结果是与该小区相关的热网及热源的节能改造达不到预期的节能目标。

北方采暖区建筑用能系统中涵盖了众多的实体，要想通过适当的节能改造措施有效降低系统整体的能耗水平，就必须以一种协调合作的方式运行。然而，在以往的节能改造实践中，北方采暖区建筑用能系统中的不同实体在进行节能决策时往往都是各自为政，都以自身的利益最大化为出发点，不能达到整改系统能耗最优水平也是难以避免的。因此，在北方采暖区居住建筑节能改造的决策过程中，热源、热网及建筑单体节能改造活动的协调问题是相关各方必须面对的一个重要问题，这就要求建筑节能行政主管部门能搭起一个沟通协调的平台，以实现整个系统能耗下降到预期水平。

7.2.2 负责改造项目的外部协调

居住建筑节能改造项目规模不大，但节能改造是一项复杂的系统工程，改造不仅仅是住宅门窗的更换、墙体和屋面的保温，还可能涉及改造项目外围的许多部门，如建设、规划、城管、房管、供电、热力、网通、电信、有线电视等多个部门。需要各有关部门结合各自职能，各负其责，协调联动，共同为节能改造工作服务，形成推进节能改造的合力。因此，客观上需要政府主管部门来组织协调改造工作，统筹各部门的关系，确保节能改造工作正常进行。例如，做外墙外保温和屋顶保温隔热时，会因改造改变建筑立面涉及规划部门办理相关手续；改造立项申请财政补贴和施工过程中的一系列手续办理会涉及财政和建设行政主管部门；对改造费用支出确有困难的居民可能还涉及向民政或财政部门申请资助；建筑物外墙经常能见到固定在墙上的电线、网线、有线电视信号线、电信公司的电缆箱等，外墙改造时这些设施都将从外墙上移走，尽管工程量不大但其迁移会在一定时间内对各住户的生活产生影响，这些迁移工作需要协调供热、电力、电信等几个部门。

7.2.3 协调供暖、供电部门投入改造

现阶段居住建筑节能改造出资模式采用的是业主筹资一部分和政府补贴一部分的做法，作为节能改造受益方的供暖、供电部门没有投入改造经费。由于节能改造的正外部性的存在，业主投入改造的私人收益小于社会收益，如果不采用某种方式将正外部效益内部化，必然会引起建筑节能改造市场失灵。市场失灵的结果是业主投入改造的积极性越来越低，改造工作进展缓慢，从而导致供暖、供电部门从中收益也非常有限。

为了改变这种现状，减小节能改造外部性的影响，可以采取收益各方共同投入居住建筑节能改造的做法，实现外部效益内部化。地方建筑节能行政主管部门应充分发挥自身的协调作用，通过召集供电、供暖等部门召开联席会议或政府办公会议等形式取得相关单位的支持或配合，约定根据改造进展情况供电、供暖部门年度投资居住建筑节能改造资金。节能行政主管部门应制订详细的年度改造计划，使得供

电、供暖部门对节能改造将给各自带来的收益有明确预期。年度计划实施过程中，建筑节能改造行政主管部门要不定期地邀请供电、供暖部门共同检查改造计划的实施情况，并根据计划完成情况按约定支付各自应承担的改造资金。

7.3　制定节能改造专业管理企业的资质标准

7.3.1　资质管理的必要性

业主和既有建筑节能改造专业管理企业之间会形成服务质量和服务能力的信息不对称，业主明显处于信息劣势一方。在这种情况下，市场很难正常地发挥作用，尤其是在建筑节能改造市场形成初期，人们对建筑节能改造专业管理企业的认识刚开始形成，很容易因信息不对称而产生逆向选择。一旦发生拙劣的建筑节能改造，就会影响业主的正常运营和正常生活，降低需求端对既有建筑节能专业管理企业的市场认可度，从而影响既有建筑节能改造专业管理企业管理模式的发展。

既有建筑节能改造专业管理服务市场存在着不对称信息，将导致市场的低效率，但并不是没有解决问题的方法。如果具有较高能力的建筑节能改造专业管理企业通过某种途径将自己拥有优质服务的私有信息传递给缺乏信息的业主，从而改变业主的信息甄别能力，那么信息传递者将可能从中获益。信息传递就是指拥有信息优势的一方通过某种途径将信息发送给信息缺乏的一方，使得处于信息劣势的一方可以增强信息甄别能力，从而避免逆向选择。常见信息传递主要有以下几种途径：厂商可以提供保修承诺或用广告向消费者传递优质产品的信号；可以建立独立的质量监督、认证机构，帮助消费者识别劣质产品；此外，还有合同解决办法（即在合同中对交易双方进行行为约束）和信誉解决办法（即允许提供优质产品的厂商获得超额利润——“信誉租金”，从而形成一种有效的激励机制。厂商一旦在信誉上出问题，必定损失利益。这就使信誉成为一种真实的信号）。

建筑节能行政主管部门对建筑节能改造专业管理企业实施资质管理，使从事建筑节能改造管理服务的企业信息更加透明化，消除服务提供者与业主之间的信息不对称，保证业主能够选择信誉好、服务质量过关的建筑节能改造专业管理企业，从而降低业主风险，使既有建筑节能改造专业管理企业良性规范发展。此外，对既有建筑节能节能改造专业管理企业实施资质管理，能够促使企业不断完善，不断优化市场供给环境，同时还能够在一定程度上有效调整控制既有建筑节能改造专业管理模式供给的结构，使企业处于有限竞争当中，避免过度竞争造成发展环境恶化。

7.3.2 确定专业管理企业资质的基本条件

通过资质管理，设定进出居住建筑节能改造专业管理行业的门槛，便于建筑节能行政主管部门加强对行业的管理。设立节能改造专业管理企业的资质是为了保证节能改造专业管理企业能够拥有与所承担的建筑节能改造项目相适应的能力，包括建筑节能改造服务的管理能力、技术能力、融资能力、财务能力、运营情况等。确定建筑节能改造专业管理企业资格的基本条件一般应包括以下几个方面。

（1）资本实力，主要是指企业注册资金的要求。

（2）工作条件，主要是指企业办公场所及其所需的符合相关规定的合格的设备和仪器的要求。

（3）技术和管理水平，主要是指对相关专业技术人员和项目管理人员的级别、从业资格和数量的要求。

（4）企业财务和融资能力，主要是指对企业的平均盈利水平、资金状况、融资能力以及信用度的要求。

（5）企业运营情况，主要是指对企业近几年所承担的项目情况、市场信誉度及满意度方面的要求。

7.4 制定特许改造范围划分规则并监督实施

居住建筑节能改造完成后，其舒适性的提高、室外环境的改善、使用过程中节约能源费用等方面的好处可以对周边居民产生较好的宣传带动作用。这种实际改造工程的宣传示范效果比各种新闻媒体的宣传直观、具体，对周围能亲临现场的居民影响较大，较容易改变居民对既有建筑节能改造的观望状态，提高居民为节能改造投入改造资金的意愿程度和资金额度。

唐山河北一号小区既有居住建筑综合节能改造项目改造实施前，经过反复节能改造的宣传、动员后仍有一部分业主对节能改造有抵触情绪，多数业主处于观望状态；经过入户走访调查，多数业主对节能改造可接受的投资额度为2 000元。节能改造工程经历了2006～2007年采暖季后，示范工程中的居民充分体会到了节能改造的好处，冬季室内温度从改造前15℃左右，提高到了22℃以上，同时显著地降低了室外噪声和粉尘污染，明显地改善了居民生活条件，示范工程中的居民对节能改造非常满意。周边住宅、小区的居民了解到节能改造的效果后，纷纷打电话给唐山节约能源工作办公室，写信给市政府，要求对他们居住的住宅进行节能改造，并愿意为此支付比示范工程更多的资金，据调查，周边居民的能承受的改造费用从2 000元提高到5 000元[28]。可以看出，通过身边实际改造的例子较容易提高广大人民群众对节能改造工作的认识以及参与的积极性。

节能改造专业管理企业初次进入某小区宣传发动业主参与节能改造，其阻力总是比某些有部分楼栋已经改造过的小区要大，宣传发动的成本也要高。为了鼓励节能改造专业管理企业宣传发动改造的积极性，建筑节能行政主管部门应结合当地的实际制定特许改造范围划分规则，对初次进入某小区成功发动改造并圆满实施改造的节能改造专业管理企业给予一定的保护。特许改造范围划分规则要规定在一定的时间和范围内，某小区的改造任务只能委托初次进入小区实施改造的节能改造专业管理企业，使其拥有该小区节能改造管理的特许经营权。其他的节能改造专业管理企业若承揽该小区的业务，需要与初次进入该小区的、拥有该小区特许改造权的专业管理企业协商，向其缴纳一定的费用，获得在该小区承揽节能改造的业务。建筑节能行政主管部门在制定特许改造范围划分规则时，既要考虑对节能改造专业管理企业的激励，又要防止专业管理企业在获得特许改造权后不积极推进改造，而是仅通过转让其特许改造权获利。

7.5　代理业主申请碳交易项目

7.5.1　申请碳交易项目的背景

根据《京都议定书》，发达国家应在2008～2012年的承诺期内，温室气体排放量在1990年的基础上平均减少5%。但由于发达国家的能源利用效率高，能源结构优化，新的能源技术被大量采用，因此要进一步减排的成本极高，难度较大。而发展中国家，能源效率低，减排空间大，成本也低。这就导致了同一减排单位在不同国家之间存在不同的成本，形成了高价差。发达国家需求很大，发展中国家供应能力也很大，碳交易市场由此产生。

在《京都议定书》中确定了三种碳交易灵活机制：联合履约（joint implementation，JI），指发达国家之间通过项目的合作，转让其实现的减排单位；CDM指发达国家提供资金和技术，与发展中国家开展项目合作，实现“经核证的减排量”（certified emission reductions，CERs），大幅度降低其在国内实现减排所需的费用；国际排放贸易（international emissions trading，IET），发展中国家将其超额完成的减排义务指标，以贸易方式（而不是项目合作的方式）直接转让给另外一个未能完成减排义务的发达国家。

上述三种机制中与发展中国家直接相关的是CDM，其核心是允许发达国家与发展中国家合作，在发展中国家实施温室气体减排项目。主要内容就是发达国家通过提供资金和技术的方式，与发展中国家开展项目级的合作，在发展中国家进行既符合可持续发展政策要求，又产生温室气体减排效果的项目投资，由此换取投资项目所产生的部分或全部减排额度，作为其例行减排义务的组成部分。

7.5.2 建筑节能改造项目难以申请成功碳交易的原因分析

自2005年2月16日《京都议定书》正式生效至今，清洁发展机制在我国的推广已有了一定进展。清洁能源发展机制项目的种类中，中型和小型水电项目的数量最多，其次是生物物质能源、风力发电和工业废热发电项目。此外，可再生能源项目，如利用太阳能、地热、潮汐能等项目也纷纷涌现。全球建筑节能领域批准的清洁能源机制项目数目较少，目前中国建筑节能领域的清洁能源机制项目尚且没有。既有建筑节能改造是实现节能减排目标的重要环节之一，潜力巨大，清洁能源机制项目目前在建筑节能领域的缺失，很不利于我国节能减排目标的实现。根据目前我国的实际状况，将从以下几个方面分析我国既有建筑节能改造项目申请碳交易较为困难的原因。

第一，由于每一个既有建筑改造项目涉及的范围大小不一，每栋建筑物改造后，其二氧化碳减排额度是非常有限的。既有建筑节能改造项目可能涉及的是为数众多的业主，如果要申请碳交易项目，依靠每个业主独立来完成这项工作是不可能的。由于参与业主众多，因此如何在划分具体改造范围后，以整体的形式来共同申请碳交易项目，这项工作具体应该由谁来负责做，成为申请碳交易项目首要解决的问题。

第二，申请碳交易项目的流程较为复杂，目前我国尚未有建筑节能领域申请成功的案例，申请过程较为复杂的流程规则和较长的项目周期使得既有建筑节能改造项目申请碳交易项目难度较大，复杂的流程规则将增加碳交易费用。

第三，建筑节能改造项目申请碳交易项目缺少相应的方法学。目前针对建设领域的方法学主要有垃圾填埋气相关的方法学和 2005 年 11 月 28 日发布的《建筑领域能效和燃料转换措施》。针对建筑节能领域 CDM 项目的方法学进展缓慢，为建筑节能改造项目申请 CDM 项目增加了难度。

第四，建筑能耗的基准线确定困难[166]，这导致建筑节能改造后无法核定减排量。由于建筑节能在计算、测量、监测碳减排量方面操作复杂，技术上很难得到突破，所以，建筑节能领域的 CDM 在我国走得非常艰难。我国单一建筑物的节能改造技术已经发展得比较成熟，但由于我国地域面积宽广，气候特征复杂，很难在较为广泛的区域进行建筑节能改造 CDM 项目的开发。我国仅仅是对整栋建筑做出了节能的要求并制定标准，并没有细致到每个方面；这就意味着，根据现有节能标准改造完的建筑，在使用之后，很难对温室气体减排量做出准确的统计和计算；而无法统计和计算，也就很难使其成为 CDM 项目。

第五，公众对于碳交易项目的了解较少，缺少申请碳交易项目的群众基础和动力。

7.5.3　CDM 与 PCDM 的比较分析

1. 常规 CDM 的局限性

清洁能源机制的实施目的包括两个方面：其一是发达国家能够以较低的成本实现其在《京都协议书》中的减排目标；其二是能够为发展中国家带来新的资金来源和技术来源，从而促进发展中国家的节能减排目标的实现，更好地进行可持续发展。但从其实际的执行状况来看，虽然已经展开的项目具有很大的温室气体减排潜力，但对于可持续发展的促进作用仍比较有限。从目前的 CDM 项目注册情况来看，CDM 的实践运作的确存在一些问题，主要体现在几个方面。

从项目减排量来看，氢氟碳（HFC）等化学气体减排项目预计产生的减排量占据所有项目预计减排量的绝大部分。截止到 2007 年 6 月 12 日，已在执行理事会注册到 2012 年预计产生的总减排量中，HFC23 减排项目占 76%，此类项目采用技术较为简单，项目本身对可持续发展贡献不大。相对而言，对推动可持续发展具有积极作用的可再生能源开发项目和提高能效项目预计产生的减排量所占比重却相对比较小。在一些具有很大温室气体减排潜力，并且对可持续发展有重要意义的领域，如交通运输、建筑节能领域，缺乏实际有效的 CDM 开发项目。

从项目区域分布来看，CDM 项目在贫穷落后地区很少，主要集中在城市或者较发达地区，较少惠及不发达国的贫穷地区。中国 CDM 项目 2/3 的减排量来自于东北及东部沿海地区。

从项目涉及的部门来看，目前的 CDM 项目主要集中在大型企业。针对家庭终端用能、交通用能和建筑用能等对象的 CDM 项目，尽管其总体减排潜力较大，但其活动高度分散，单项活动产生的温室气体减排量有限，在常规 CDM 制度框架下项目的交易费用会比较高，这也是在这些领域难以开发 CDM 项目的原因之一。

由于既有建筑节能改造项目本身的特点就是业主较为分散，每个单独的改造活动产生的温室气体减排量较为有限，项目的交易成本较高，监测比较困难。在常规 CDM 的规则和程序下，这类项目并不是一个成本有效的选择。常规 CDM 项目的规则在一定程度上限制了对发展中国家可持续发展有重要贡献的一些类型的 CDM 项目的开发。

当前的 CDM 项目方法学基本上是针对具有明确项目地点、项目执行单位和项目执行活动等的单个项目。在节能改造、可再生能源开发利用方面，存在着大量分散的、小型的项目类型，如既有建筑节能改造项目等。这类项目对于市场缺乏足够的吸引力，进而 CDM 项目对其促进作用也相当有限。

2. PCDM 特点及适用范围分析

为了使清洁发展机制促进经济低碳化，进而推动可持续发展，将清洁发展机制拓展到各行业部门，国际社会提出了规划方案下的 CDM，即 PCDM。PCDM 的项目识别、开发程序以及使用的方法学与现行的 CDM 项目是一脉相承的。

PCDM是指将为执行相关政策或者达到某一目标而采取的一系列减排措施作为一项规划方案，整体注册策划成为一个CDM项目，在这一规划方案下项目产生的减排量在经过核准后可签发相应的CERs。

PCDM项目可以将多个分散的减排项目整合为一个项目，并且非常适合政策或者措施的复制和推广应用，适合于建筑节能改造领域。根据现有的PCDM项目，实施PCDM项目需要有以下几个特点：第一，项目必须有自愿的或者强制的政策措施或者部门规划；第二，减排项目较为分散；第三，项目不是同时发生的；第四，项目的预期类型、大小可以事先确定，但其实际发生的数量和时间可能事前无法确定。

居住建筑节能改造项目涉及众多参与者，房屋业主较为多元化。在一个规划方案推出时，很难具体确定有多少个单独的减排项目参与进来，参与的时间也是不确定的。在PCDM中，一个规划方案下只允许采用一种技术措施或者一套相关措施，所以要求一个项目下的活动要有高度相似性，既有建筑节能改造项目在各个规划区内，是采用同一套措施的，符合PCDM的特征和要求。

7.5.4 开发针对既有建筑节能改造项目的方法学

PCDM项目同一般的CDM项目一样，必须使用经过批准的方法学，并根据方法学的要求，确定项目的基准线情景、论证项目的额外性、定义项目便捷程度、计算避免遗漏和双重计算等。在既有建筑节能改造过程中，使用的建筑节能技术多种多样，有时难以找到相匹配的方法学来评估项目。针对不同类型特征的建筑进行改造，应采用不同的方法学；在没有与项目相匹配的已批准方法学，或者项目与其他类似项目存在较大不同时，项目的参与方要针对本项目提出可应用的新的方法学。

新的方法学申请，先要完成新基准线方法学申请文件、新监测方法学申请文件和部分规定的项目设计文件（project design documents，PDD）。然后提交给指定经营实体（designated operational entity，DOE），由指定经营实体提交到执行理事会的方法学小组。方法学小组会安排两名专家对新方法学给出评审意见，同时，新方法学也会在网上公开征集意见。最后方法学小组将最终意见提交给执行理事会，执行理事会最终对是否批准该项方法学给出最终决定。如果新方法学通过，项目开发者可根据批准的新方法学重新修改并完成项目设计文件，之后再提交到 DOE 审核。其程序如图 7.1 所示。

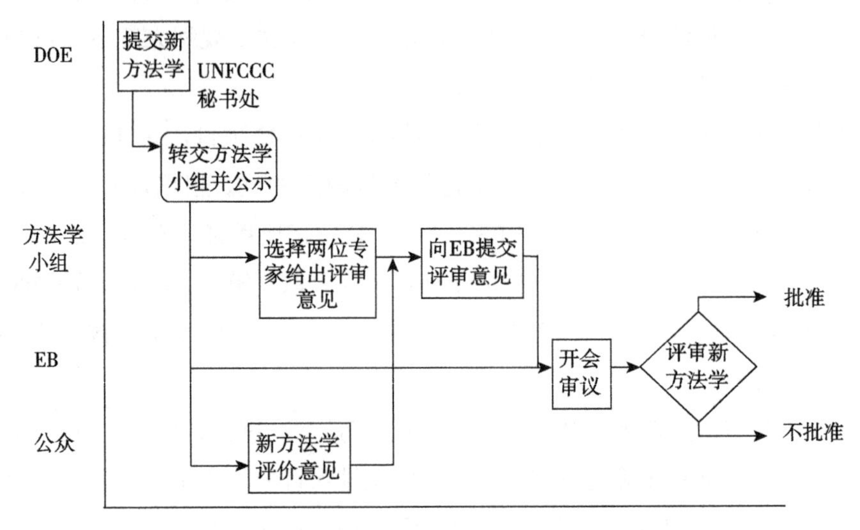

图 7.1　EB① 批准新方法学的程序

对于 PDCM 项目而言，由于其设施需要分别在规划方案和 CDM 规划活动两个层次上进行，因此与 PCDM 项目相关的所有关键方法学问题，包括基准线情景识别、额外性论证、泄漏的估算、基准线排放的计算，均需要分别在规划方案和 CDM 规划活动两个层次上进行。

7.5.5　政府组建 PCDM 项目的协调管理机构

对于一般的 CDM 项目而言，项目参与方负责所有与项目开发、实施、减排量签发和转让等事宜，项目参与方与执行理事会的人联系之后，相关的责任就非常清晰。国际规则明确提出对于每一个规划方案，必须设立一个专门的协调管理机构。

协调管理机构在 PCDM 项目开发、实施和减排量签发等过程中，承担着许多重要职能，起着至关重要的作用，主要包括以下方面：①提出规划方案；②获得所有相关东道国授权，作为项目参与方参加该规划方案；③负责规划方案的实施、监测等；④就规划方案的所有事宜和执行理事会进行沟通；⑤制定措施，确保所有 CDM 规划活动不会发生双重计算；⑥负责规划方案的注册和 CDM 规划

① 联合国 CDM 执行理事会 EB（Executive Board）。

活动加入规划方案的申请等。

公共部门和私营公司都可以担任 PCDM 的项目协调管理部门。在既有建筑节能改造项目中，建筑节能行政主管部门可以作为总的协调管理部门，把握大局，负责整体的协调管理工作。可在建筑节能行政主管部门下设置建筑节能改造管理中心，由建筑节能改造管理中心担任 PCDM 项目协调管理机构这个角色。通过申请碳交易项目，为分散的既有建筑节能改造的实施者提供一定的资金和技术支持，对既有建筑节能改造起到有效的促进作用。与参与节能改造的业主或者产权所有者相比，建筑节能改造管理中心更为熟悉国际 CDM 项目的操作规则、国家的政策规划、相关的节能改造技术，且具有较强的资金支持用于申请。

节能改造管理中心在进行既有建筑节能改造项目时，一方面，要通过支付部分改造费用或者其他的激励方式，来鼓励更多的业主参与节能改造项目；另一方面，节能改造管理中心需要与参与改造的业主保持联系，并对其进行必要的组织和培训。除此以外，节能改造管理中心还要负责协调项目设计文件的准备和提交、指定经营实体的审核、项目注册、CERs 的签发，以及 CERs 销售收入的分配活动。另外，在一些节能改造项目资金不足时，节能改造管理中心还要负责申请政府补贴、社会基金、私人赞助等。

第 8 章

结论与展望

8.1 居住建筑节能改造费用分摊的政策建议

(1) 针对不同地区，建立各种典型节能改造方案的成本费用指标。在总结各地大量的居住建筑节能改造投资费用的基础上，发布各地的维护结构改造与供暖系统改造的造价指标，如墙体、门窗、屋面、采暖分户计量及温控等改造的平方米造价，对推动居住建筑节能改造的市场化发展有重要作用。

(2) 建立节能改造成本数据库的网络体系。在节能改造逐步深入的条件下，能够相对准确并快速地对节能改造费用做出判断对于实施节能改造决策具有重要意义。然而，节能改造具有阶段众多、主体分散、相关工程资料不足等特点，这严重制约了居住建筑节能改造费用估算的便捷性，从而引发节能改造决策效率低下等一系列问题。

(3) 确立我国的基本能耗标准。在广泛调查建筑物能耗的基础上，采用科学的计算方法，按建筑物的使用功能进行分类来制定国家建筑物的基本能耗标准并定期更新。

(4) 建立统一的节能改造效益与外部性核算及报告体系。居住建筑实施节能改造具有显著的效益与正外部性，这一点已在实践中获得证明，但是如何计量节能改造的效益与外部性，对于这一问题目前尚没有统一的核算方法与体系。效益与外部性的量化是制订费用分摊方案、确立费用分摊机制的依据与基础，对于未来实现节能改造节能量交易有着重要意义。一方面，建立分层次、分类别的效益与外部性核算体系，将相关信息通过合理的测算量化方法显示出来；另一方面，建立统一的节能改造效益与外部性报告机制，在报告中将节能改造效益与外部性信息集中详细地予以披露，从宏观、微观角度全方位、系统地反映节能改造价值信息。

(5) 建立项目的外部性内化制度。作为项目实施主体的节能改造企业要在居住建筑节能改造市场中盈利，就必须将居住建筑节能改造项目的外部效益内化为经济效益，从此将其“规范化”为常规市场（项目）。实现途径如下：一是外部效益内化为企业经济效益，居住建筑节能改造项目竣工验收后由国家以补贴方式拨付给企业；二是由国家根据内化的经济效益核算合理的投资额，投资构成以控股或参股的形式体现，并要求项目验收达到预定标准。从市场的标准和效率来看，第一种途径更符合市场化运作，并且效率更高。其关键问题是制度化，当前关于外部性内化问题研究及成果已经有不少，但将其转化为一项实施的制度并规范执行，仍然需要大量的实际工作。如果居住建筑节能改造的国家投资未实行清晰的市场界定，只是通过节能改造奖励和补贴，居住建筑节能改造市场化将很难实现；如果每个居住建筑节能改造项目的经济效益实现都是通过特殊的针对单个项目的政策，或者内化经济效益的兑现都需要专门审批，而非制度化实现，则居住建筑节能改造市场化将很难实现。

(6) 建立多渠道的居住建筑节能改造融资方式。通过探索与实践，建立节能改造奖励与补贴、税收优惠、住宅专项维修资金、住房公积金等各种方式的资金来源，在总结经验的基础上，形成居住建筑节能改造资金运作的成熟模式。

(7) 注意节能改造费用分摊的可操作性。居住建筑节能改造费用分摊方法的选择不能仅从理论层面的最优化出发，还应考虑节能改造现实情况及各参与主体的认知水平，具体方式与方法应简单明确，方便学习认知，便于实际运用。同时，费用分摊的可操作性还体现在费用分摊方案的具体性上，应能明确什么属性的费用由哪个参与主体分摊，并尽量体现在时间维度上。同时应注意，节能改造费用分摊主体所分摊费用的最高限是因节能改造所获取的效益。

8.2 居住建筑节能改造项目运作管理的政策建议

（1）在居住建筑节能改造的不同阶段，必须形成具有不同适应性的企业和项目运作模式，并且在每一阶段的企业和项目运作模式是多种形式并存和互补的。在发展阶段，居住建筑节能改造由试点走向规模化，市场导向型将成为发展趋势。居住建筑节能改造的市场决策，必须构建高效的节能改造市场机制。

（2）居住建筑节能改造中业主的动力（获得节能收益和热舒适环境）显示出突出的重要性。如果业主具有较强动力，则施工条件容忍度低和意见难统一的问题就会弱化，或者变得容易解决。因此，需要“热改”的攻坚措施与节能改造的合理方案。

（3）在居住建筑节能改造过程中，妥善处理节能改造与物业公司的关系，对于一些既得利益的物业公司，在阐明节能改造意义与趋势的基础上，引导物业公司拓展新的赢利点，同时严格执行节能改造政策。在节能改造的具体实施方面，通过规范化运作，使物业公司的相关工作得到相应报酬，并使一些有实力的物业公司得到更大的发展空间（获得相关资质及审批，从事居住建筑节能改造活动）。

（4）热力公司对所辖范围热源及管网的改造具有市场动力，但出于对自身既得利益的考虑，对供热计量改造缺乏积极性，可能还会形成一定阻力。解决问题的关键在于加大居住建筑节能改造与“热改”的推行力度同时，引导热力公司从粗放型经营转向集约化经营，通过产业升级，寻找更高效的盈利模式。因为不同约束条件下有不同的最佳规模效益，鉴于边际效益递减规律的存在，并非规模越大越好。

（5）综合改造在效果上可以充分表现显著的综合效益，在实施操作上可以表现出良好的可行性，因此在条件允许的情况下，应尽量实施综合改造。单独实施维护结构的某一项或某几项节能改造，虽有效果但很难实现节能改造的期望目标。将维护结构与采暖系统节能改造综合起来实施，可以产生节能改造的综合效益，使决策主体各方获得更大收益。通过与可再生能源利用、建筑物修缮、小区环境整治和改善城市景观、危房改造和旧城改造相结合，使项目更具有现实的可操作性。

（6）促进居住建筑节能改造的集成技术发展，如外墙外保温各项技术的有效集成、典型项目的整体集成技术等；促进居住建筑节能改造的关键技术发展，如热表技术、维护结构保温的高级断桥技术等；促进居住建筑节能改造的先进技术发展，如住宅能耗监控及能源节约的智能化技术等。建立市场导向的居住建筑节能改造经济制度，即建立与完善居住建筑节能改造的市场经济制度，外部效益内化的制度使居住建筑节能改造具有盈利空间，通过热改建立热商品市场，通过节能效益促进居住建筑节能改造市场发展；通过金融创新与支持建立居住建筑节能改造项目融资渠道。

（7）明确地方建筑节能管理部门和市政供热管理部门的协调方式，制定细则和操作流程，统一管理居住建筑节能改造，形成综合改造效益。同时，对供热、供电、供气、供水和电视通信等其他配合部门的操作流程予以明确规定；对于居住建筑节能改造过程中出现的各种偏差，采取符合规定的灵活方式进行控制和处理，及时总结，形成模式；居住建筑节能改造的流程比较复杂，应在关键的衔接环节制定具体措施与规则；居住建筑节能改造项目的确定，应建立建筑节能管理部门、市政供热管理部门、城市规划管理部门、节能改造企业、热力公司、物业公司、小区业主等共同作用的项目协调规则与秩序，提高项目立项的可行性。

8.3　研究展望

本书在大量实地调研与文献研究基础上，探讨了我国采暖区居住建筑节能改造费用分摊的合理化问题，对我国居住建筑节能改造具有积极的意义。在具体实践中，尚需考虑理性认识与感性认识的有效结合。本书对指导具体实践还有一定的局限性，其中有些问题还待后续工作中深入研究，主要包括以下几个方面。

（1）居住建筑节能改造整体费用估算模型还需进一步完善。影响节能改造费用的因素众多，通过各种渠道搜集居住建筑节能改造费用成本相关数据，在对相关数据进行整理的基础上，充分考虑各种影响因素，对模型指标做进一步精炼，使其能够更好地适应与服务居住建筑节能改造费用估算实践。

（2）节能改造费用分摊模型与方法方面有进一步创新的空间。一方面，可引入更多的局中人进入模型，以使模型更接近现实需要；另一方面，应特别注重费用分摊方法上的进一步创新，并与具体节能改造项目相结合。

（3）对于节能改造节能量交易机制的研究有进一步深入和细化的必要。一方面，应注重理论的研究与创新，构建节能量交易的理论体系；另一方面，在方法层面，应在确定交易买卖参与主体、设定能源使用量限值、配额分配以及建立公正权威的核准认证体系等方面进行重点研究与论证。

（4）在解决群决策统一问题中，为了探寻群决策偏好集结的新途径，对相关决策理论与实际情况的约束条件进行了部分释放或理想化处理，需要对这些约束条件的处理进行进一步量化研究，以及不同情况的变化研究。例如，理想化业主群的量化规范研究，效用沟通的体系及其量化研究，进化博弈实现条件的量化研究及其实现周期的量化研究。

（5）本书对制定节能专业管理企业资质标准、特许改造范围划分规则必要性进行了论述，但未具体起草上述两项内容以及节能改造专业管理合同示范文本。

参考文献

[1] 武涌，龙惟定．建筑节能管理．北京：中国建筑工业出版社，2009.

[2] 斯德哥尔摩人类环境宣言．世界环境，1983，(1)：4-6.

[3] 联合国人类环境会议与《人类环境宣言》．中国投资，2011，(6)：64.

[4] 黄素逸，王晓墨．节能概论．武汉：华中科技大学出版社，2008.

[5] 武涌，刘长滨．中国建筑节能经济激励政策研究．北京：中国建筑工业出版社，2007.

[6] 舟丹．《京都议定书》是什么？中外能源，2011，16 (12)：21.

[7] 王海芹．提前做好《京都议定书》第一承诺期结束的应对准备．国务院发展研究中心信息网国研视点，2012.

[8] 华虹，陈孚江．国外建筑节能与节能技术新发展．华中科技大学学报（城市科学版），2006，(S1)：148-152.

[9] 范亚明，李兴友，付祥钊．建筑节能途径和实施措施综述．重庆建筑大学学报，2004，(5)：82-85.

[10] 刘显法，吕文斌．借鉴外国成功经验加快建立我国适应市场经济要求的节能新机制．中国能源，2002，(7)：10-13.

[11] 刘显法，吕文斌．借鉴外国成功经验加快建立我国适应市场经济要求的节能新机制（二）．中国能源，2002，(8)：11-16.

[12] 梁俊强．中国建筑节能发展报告 2010 年．北京：中国建筑工业出版社，2011.

[13] 李惠如．建筑节能国内外概况及趋势——我国住宅建筑能源消耗调查及节能措施的探讨．技术经济，1982，(3)：53-59.

[14] 城乡建设环境保护部．民用建筑节能设计标准（采暖居住建筑部分），1986.

[15] 薛秀春．建筑节能，紧跟时代步伐的绿色事业——新中国成立 60 年科技进步一瞥．广西城镇建设，2009，(10)：20-21.

[16] 建设部．建筑节能“九五”计划和 2010 年规划．施工技术，1996，(8)：1-2.

[17] 住房和城乡建设部．“十二五”建筑节能专项规划，2012.

[18] 全国人民代表大会常务委员会．中华人民共和国节约能源法．http://www.mohurd.gov.cn/zcfg/fl/200710/t20071029_159510.html，2007-10-28.

[19] 住房和城乡建设部．严寒和寒冷地区居住建筑节能设计标准．北京：中国建筑工业出版社，2010.

[20] 清华大学建筑节能研究中心．中国建筑节能年度发展研究报告 2011. 北京：中国建筑工业出版社，2011.

[21] 住房和城乡建设部．既有居住建筑节能改造指南，2012.

[22] 清华大学建筑节能研究中心．中国建筑节能年度发展研究报告 2008. 北京：中国建筑工业出版社，2008.

[23] 住房和城乡建设部．仇保兴：建筑节能发展道路应确定为“普通百姓式”．http://www.gov.cn/jrzg/2008-04/10/content_941775.htm，2008-04-10.

[24] 胥小龙．北方采暖地区供热计量及节能改造政策．建设科技，2008，(7)：31-33.

[25] 王君来，刘应宗．我国北方城市建筑节能现状及对策探讨．河北建筑科技学院学报，2004，21 (2)：18-21.

[26] 涂逢祥．我国建筑能耗与发达国家有多大差距．太阳能，2003，(1)：11.

[27] Larson E D，Wu Z. Future implications of China’s energy technology choices. Energy Policy，2003，31 (12)：1189-1204.

[28] 唐山市建设局，唐山市建筑节能办公室．中德技术合作“中国既有建筑节能改造”项目成果汇编 (6) ——唐山市河北一号小区既有居住建筑综合节能改造示范项目经验总结．北京：德国技术合作公司，2008.

[29] 鲍丹．建筑节能改造难在哪．人民日报，2009-08-03 (第 19 版)．

[30] 徐东升，尹波，刘应宗．我国民用建筑节能的现状与对策探讨．施工技术，2005，34 (11)：63-64.

[31] 吕石磊，武涌．北方采暖地区既有居住建筑节能改造工作的目标识别和障碍分析．暖通空调，2007，37 (9)：20-25.

[32] 郑娟尔，吴次芳．我国建筑节能的现状潜力与政策设计研究——一个基于控制论的分析框架．中国软科学，2005，(5)：71-75.

[33] 住房和城乡建设部．我国建筑节能潜力最大的六大领域及其展望——仇保兴副部长在第六届国际绿色建筑与建筑节能大会暨新技术与产品博览会上的演讲．http://www.mohurd.gov.cn/jsbfld/201004/t20100408_200306.html，2010-04-12.

[34] 尹波，刘应宗．建筑节能领域市场失灵的外部经济性分析．华中科技大学学报 (城市科学版)，2005，(12)：65-68.

[35] 梁境，李百战，武涌．中国建筑节能现状与趋势调研分析．暖通空调，2008，38 (7)：29-35.

[36] 孙金颖，刘长滨，西宝，等．中国建筑节能市场投融资环境分析．土木工程学报，2007，40 (12)：92-93.

[37] 释一修．碳战军团金融：谁来购买你的节能量．http://luxury.ce.cn/hydt/cygc/201304/15/t20130415_698987.shtml，2013-04-15.

[38] Brown M A，Levine M D，Romm J P. Engineering-economic studies of energy technologies to reduce greenhouse gas emissions：opportunities and challenges. Annual Review of Energy

and the Environment，1999，23：287-385.

［39］王恩茂，刘晓君，刘振奎．节能住宅全寿命周期费用研究．建筑经济，2006，（6）：89-92.

［40］李忠富，周佳．生态住宅与传统住宅全生命周期成本对比分析．建设科技，2007，（15）：76-78.

［41］马明珠，张旭．基于LCA研究建筑保温的节能减排效益．环境工程，2008，（1）：88-89.

［42］陈偲勤．从经济学视角分析绿色建筑的全寿命周期成本与效益以及发展对策．建筑节能，2009，（10）：53-57.

［43］刘玉明．既有居住建筑节能改造经济激励研究．北京交通大学硕士学位论文，2009.

［44］郭俊玲．既有建筑节能改造全寿命周期成本效益研究．西安建筑科技大学硕士学位论文，2011.

［45］Asadi E，da Silva M G. A multi-objective optimization model for building retrofit strategies using TRNSYS simulations，GenOpt and MATLAB. Building and Environment，2004，56：370-378.

［46］Martin J. Marginal costs and co-benefits of energy efficiency investments. the case of the swiss residential sector. Energy Policy，2006，34：172-187.

［47］刘玲．价值工程（VE）与建筑节能．工业建筑，2006，（8）：24-27.

［48］刘丽霞．基于费用效益法的绿色建筑节能措施之经济评价研究．江西理工大学硕士学位论文，2009.

［49］许盛夏．基于改进价值工程方法的建筑节能评价研究．天津大学硕士学位论文，2010.

［50］Tiderenczl G，Matolcsy K. Breathing walls：a challenge for new sustainable building techniques in hungary. Proceedings ACEEE Summer Study on Energy Efficiency in Buildings，2000，10：281-289.

［51］Novakovic V，Holst J N，Kostic M. Optimizing the building envelope and HVAC system for an inpatient room using simulation and optimization tools. The 2005 World Sustainable Building Conference，2005.

［52］Palmero-Marrero A，Oliveira A C. Evaluation of a solar thermal system using building louvre shading devices. Solar Energy，2006，80：545-554.

［53］张君．应用新型墙体材料节能建筑经济效果分析．辽宁建材，2003，（1）：10-11.

［54］任国强，李琴．外墙保温生命周期成本分析．水电能源科学，2008，（1）：137-141.

［55］谢自强，曹孟能，邓瑛鹏，等．建筑体形系数对建筑节能增量成本的影响分析．重庆建筑，2008，（12）：8-10.

[56] Tuominen P, Klobut K. Energy savings potential in buildings and overcoming market barriers in member states of the european union. Energy and Buildings, 2012, 51: 48-55.
[57] 卢双全．建筑节能改造的外部性分析与激励政策．建筑经济，2007，4：43-46.
[58] 任邵明，郭汉丁，续振艳．我国建筑节能市场的外部性分析与激励政策．建筑节能，2009，(1)：75-78.
[59] 张云华，汪霞．生态节能建筑的经济外部性分析．生态经济，2009，(9)：127-131.
[60] 刘玉明，刘长滨．采暖区既有建筑节能改造外部性分析与应用．同济大学学报（自然科学版)，2009，(11)：1521-1525.
[61] 郭俊玲．北方采暖区既有居住建筑节能改造外部性研究．北京交通大学硕士学位论文，2010.
[62] 马兴能，郭汉丁，尚伶．基于外部性的既有建筑节能改造业主进化博弈行为分析．工程管理学报，2011，(6)：645-648.
[63] Chung S, Poon C. A comparison of waste management in Guangzhou and Hong Kong. Resources Conservation and Recycling, 1998: 22 (3～4): 203-216.
[64] 陈旭．城市轨道交通外部性研究．华中科技大学硕士学位论文，2005.
[65] 王平利，刘启浩，朱才斌．基于外部性内部化的煤层气项目综合经济评价模型．天然气工业，2006，(3)：146-148.
[66] 党晋华，贾彩霞，徐涛，等．山西省煤炭开采环境损失的经济核算．环境科学研究，2007，(4)：155-160.
[67] 杨琦，郗恩崇．高速公路外部性量化研究．中国公路学报，2009，(9)：102-107.
[68] 张长江，温作民．森林生态效益外部性的经济学分析．科技与经济，2009，(1)：67-69.
[69] 刘圣欢．外部性、计量与连锁反应．华中师范大学学报（人文社会科学版），2010，(1)：41-50.
[70] 张长江．生态效益外部性会计．北京：化学工业出版社，2013.
[71] 陈砚祥，刘晓君．既有居住建筑节能改造筹资问题探讨．西安建筑科技大学学报（自然科学版)，2010，(6)：841-844.
[72] 杨树云．既有居住建筑节能改造费用分摊研究．西安建筑科技大学硕士学位论文，2012.
[73] 刘晓君，季宽．基于经营城市理念的既有住宅节能改造融资模式浅析．建筑科学，2007，(10)：97-99.
[74] 金占勇，郝有志，马重芳，等．北方地区既有居住建筑节能改造投融资模式设计．建筑经济，2008，(5)：56-59.
[75] Ei-Sharif W, Horowitz M J. Why financial promotions work: leveraging energy efficiency value to promote superior products. Proceedings ACEEE Summer Study on Energy

Efficiency in Buildings，2000，5：557-567.

[76] 韩青苗，杨晓冬，占松林，等．建筑节能经济激励政策实施效果评价指标体系构建.北京交通大学学报（社会科学版），2010，(3)：59-63.

[77] 刘玉明，刘长滨．既有建筑节能改造的经济激励政策分析．北京交通大学学报（社会科学版），2010，(2)：52-57.

[78] Lee M，Park H，Painuly J N J P. Promoting energy efficiency financing and ESCOs in developing countries：experiences from Korean ESCO business. Energy Policy，2003，(11)：651-657.

[79] Goldman C A，Hopper N C，Osborn J G. Review of US ESCO industry market trends：an empirical analysis of project data. Energy Policy，2005，33 (3)：387-405.

[80] Beerepoot M，Beerepoot N. Government regulation as an impetus for innovation：evidence from energy performance regulation in the Dutch residential building sector . Energy Policy，2007，(35)：4812-4825.

[81] 谯川．公共建筑节能改造的合同能源管理模式研究．重庆大学硕士学位论文，2008.

[82] 邓志坚，汪霄，王伟．基于合同能源管理的公共建筑节能改造的激励机制分析．工程管理学报，2011，(2)：37-40.

[83] 吕荣胜，王建．基于节能服务公司视角的合同能源管理（EPC）应用研究．华北电力大学学报（社会科学版），2011，(3)：1-5.

[84] Doukas H，Nychtis C，Psarras J. Assessing energy-saving measures in buildings through an intelligent decision support model. Building and Environment，2009，44 (2)：290-298.

[85] Popescu D，Bienert S，Schutzenhofer C，et al. Impact of energy efficiency measures on the economic value of buildings B-4808-2012. Applied Energy，2012，89 (1)：454-463.

[86] Tommerup H，Svendsen S. Energy savings in Danish residential building stock. Energy and Buildings，2006，38 (6)：618-626.

[87] 徐刚．北方城市民用建筑系统节能改造决策方法研究．哈尔滨工业大学博士学位论文，2007.

[88] 赵靖，武涌，朱能．基于寿命周期分析的既有居住建筑节能改造目标考核评价体系的研究．暖通空调，2007，(9)：1-7.

[89] 赖家彬，严捍东，杨世云．夏热冬暖南区高层住宅建筑节能决策的研究与应用．建筑节能，2009，(10)：69-72.

[90] Ryghaug M，Sorensen K. How energy efficiency fails in the building industry. Energy Policy，2009，37：984-991.

[91] Nassen J，Sprei F，Holmberg J. Stagnating energy efficiency in the Swedish building

sector-Economic and organisational explanations. Energy Policy，2008，36：3814-3822.
[92] Koomeya J G，Webbera C A，Atkinsona C S. Addressing energy-related challenges for the US buildings sector：results from the clean energy futures study. Energy Policy，2001，29：1209-1221.
[93] Henryson J，Hakansson T，Pyrko J. Energy effciency in buildings through information-Swedish perspective. Energy Policy，2000，28：169-180.
[94] 杨玉兰，李百战．政策法规对建筑节能的作用—欧盟经验参考．暖通空调，2007，(4)：52-56.
[95] 梁境，李百战．中国公共建筑节能管理与改造制度研究．建筑科学，2007，(4)：9-15.
[96] 李菁，马彦琳．有效制度供给不足与建筑节能市场发展．中国行政管理，2007，(12)：47-50.
[97] 曹晓丽．我国北方采暖区既有建筑节能改造主要问题及其对策研究．西安建筑科技大学硕士学位论文，2010.
[98] 彭梦月．北方采暖地区既有居住建筑节能改造费用和投融资模式现状、问题及建议(下)．建筑科技，2010，(13)：72-74.
[99] 刘月莉，仝贵婵，刘雪玲．既有居住建筑节能改造．北京：中国建筑工业出版社，2012.
[100] 住房和城乡建设部．关于贯彻落实国务院关于加强和改进消防工作的意见的通知（建科〔2012〕16 号）．http://www.mohurd.gov.cn/zcfg/jsbwj_0/jsbwjjskj/201202/t20120213_208746.html，2012-02-10.
[101] Facev J，Kendall C，Fenner R A，et al. Can greenery make commercial buildings more green [R]．Cambridge：Cambridge University，2007.
[102] 住房和城乡建设部．JGJ173—2009，供热计量技术规程．北京：中国建筑工业出版社，2009.
[103] 赵军，马洪亭，李德英．既有建筑供能系统节能分析与优化技术．北京：中国建筑工业出版社，2011.
[104] Cesmeli E. Texture segmentation using Gauss Markov random fields and neural oscillator networks. IEEE Trans on Neural Networks，2001，12（2）：394-404.
[105] 祁少明，李春苗．寒冷地区既有居住建筑节能改造融资模式探讨．河北建筑工程学院学报，2011，(1)：20-24.
[106] Zhang L Q，Kandel A. Genetic-guided compensatory neuro-fuzzy systems. The 6th International Conference on Information Processing and Management of Uncertainty in Knowledge Based Systems，Granada，1996.
[107] Emblemsavg J. Life-cycle costing：using activity-based costing and monte carlo methods to

manage future costs and risks . John Wiley & Sons，2003，(5)：51-92.

[108] 建设部建筑节能中心．北京市既有建筑节能改造技术研究．建筑节能，2005，(3)：31-35.

[109] 朱春妃．北方采暖区既有居住建筑节能改造经济效益评价．北京交通大学硕士学位论文，2010.

[110] Coase R H. The problem of social cost. Journal of Law and Economics，1960，(3)：1-44.

[111] 贾丽虹．外部性发生机制与市场缺失的关系新探．学术研究，2003，(4)：53-55.

[112] 建设部．GB50019—2003. 采暖通风与空气调节设计规范．北京：中国建筑工业出版社，2003.

[113] Lin Q，Chen G，Du W，et al. The spillover effect of environmental investment：evidence from panel data at provincial level in China. Frontiers of Environmental Science & Engineering in China，2012，3：412-420.

[114] 张平淡．中国环保投资的就业效应：挤出还是带动？中南财经政法大学学报，2013，(1)：11-17.

[115] Erik D，Jan A. van Der Linden. Sectoral and spatial linkages in the EC production structure. Journal of Regional Science，1997，37 (2)：235-257.

[116] 萨缪尔森 B，诺德豪斯 W. 经济学．萧琛译．北京：人民邮电出版社，2008.

[117] 马中，蓝虹．产权、价格、外部性与环境资源市场配置．价格理论与实践，2003，(11)：24-26.

[118] Lewis D J，Barham B L. Spatial externalities in agriculture：empirical analysis. statistical identification and policy implications. Word Development，2007，(12)：10-17.

[119] Hubacek K，Gljum S. Applying physical input-output analysis to estimate land appropriation of international trade activities. Ecological Economics，2003，(44)：137-151.

[120] Zhao Y，Liu X. Hedonic price study on urban housing：the case of Shijiazhuang city. 2010 International Conference on Management and Service Science，MASS 2010.

[121] Bjornstad D J，Kahn J R. The Contingent Valuation of Environ-mental Resources：Methodological Issues and Research Needs. Cheltenham：Edward Elgar Publishing Limited，1999.

[122] Venkatachalam L. The contingent valuation method：a review. Environmental Impact Assessment Review，2004，24：89-124.

[123] 柴强．房地产估价．修订第五版．北京：首都经济贸易大学出版社，2012.

[124] 张瑞宏．绿色建筑可支付意愿研究．哈尔滨工业大学硕士学位论文，2011.

[125] 刘晓君．建设项目投资决策理论与方法．北京：中国建筑工业出版社，2009.
[126] 周和生，尹贻林．政府投资项目全生命周期项目管理．天津：天津大学出版社，2010.
[127] 卞彬．劳动与劳动价值理论研究述评．经济评论，2003，(2)：44-48.
[128] 牛海鹏，张安录．耕地利用效益体系重构及其外部性分析．中国土地科学，2009，(9)：25-29.
[129] 住房和城乡建设部．JGJ26—2010，严寒和寒冷地区居住建筑节能设计标准．北京：中国建筑工业出版社，2010.
[130] 建设部．JGJ26—95，民用建筑节能设计标准（采暖居住建筑部分）．北京：中国建筑工业出版社，2006.
[131] 梁慧星．国内碳排放权交易利益链追踪．第一财经日报，2009-06-20.
[132] 张帅，张本波．四万亿投资计划的就业效应评估及建议．中国经贸导刊，2009，(15)：62-64.
[133] 童星，刘松涛．城市居民最低生活保障线的测定．社会学研究，2000，(4)：42-54.
[134] Jalili A R. Comparison of two methods of identifying input-output coefficients for exogenous estimation. Economic Systems Research，2000，(12)：113-120.
[135] 祁神军，张云波，董晓燕．建筑业与其他产业的关联特性和波及特性研究．武汉理工大学（信息与管理工程版），2012，(5)：596-600.
[136] 住房和城乡建设部编写组．系统·适宜·平衡城市既有居住建筑节能改造规划方法与实践．北京：中国建筑工业出版社，2011：46-50.
[137] 刘新华，周哲．物业管理．北京：清华大学出版社，2011.
[138] 金立新．兴业银行全国首推能源效率贷款．金融时报，2007-03-01.
[139] 申萌．中德技术合作既有建筑节能改造项目圆满收官．中华建筑报，2011-03-31.
[140] Hsiao C R，Raghavan T E S. Monotonicity and dummy free property for multi-choice cooperative games. Games and Economic Behavior，1993，5：240-256.
[141] 马志鹏．合作对策模型下的投资分摊问题研究．河海大学硕士学位论文，2004.
[142] 谭春桥，张强．合作对策理论及应用．北京：科学出版社，2011.
[143] 李鹏．综合利用水利工程投资费用分摊问题研究．天津大学硕士学位论文，2007.
[144] 徐向阳，安景文，王银和．多人合作费用分摊的有效解法及其应用．系统工程理论与实践，2000，(3)：116-119.
[145] 熊国强．多人合作费用分摊的多目标规划解法．运筹与管理，2006，(1)：13-17.
[146] Hsial C. Multichoice cooperative games. Games Theory and Economic Application，1992，(38)：170-188.
[147] 曹云慧，王丽萍，王春超，等．基于熵权 Shapley 值法的梯级水电站补偿效益分摊．水

电能源科学，2013，(2)：91-94.

[148] 陈江涛．财政补贴核算的数据来源选择问题——从企业会计处理角度分析．中国统计，2012，(10)：21-24.

[149] 国务院．“十二五”节能环保产业发展规划．http://www.gov.cn/2wgk/2012-06/29/Content_2172913.htm，2012-06-29.

[150] 康艳兵．建筑节能改造市场与项目融资．北京：中国建筑工业出版社，2011.

[151] 财政部，国家发展和改革委员会．新型墙体材料专项基金征收使用管理办法．http://zhs.mof.gov.cn/zhengwuxinxi/zhengcefabu/200805/t20080523_34231.html，2008-05-23.

[152] 住房和城乡建设部．住宅专项维修资金管理办法．http://www.mohurd.gov.cn/zcfg/jsbgz/200712/t20071228_159109.html，2007-12-04.

[153] 刘晓君．工程经济学．第二版．北京：中国建筑工业出版社，2008.

[154] 武涌，孙金颖，吕石磊．欧盟及法国建筑节能政策与融资机制借鉴与启示．建筑科学，2010，(2)：3-12.

[155] 丁士昭．工程项目管理．北京：中国建筑工业出版社，2006.

[156] 韩昭庆．《京都议定书》的背景及其相关问题分析．复旦学报（社会科学版），2002，(2)：33-37.

[157] 财政部，住房和城乡建设部．关于推进北方采暖地区既有居住建筑供热计量及节能改造工作的实施意见．http://www.mohurd.gov.cn/zcfg/jsbwj_0/jsbwjjskj/200806/t20080613_171707.html，2008-05-21.

[158] 朱赛鸿，朱江涛，刘伟．既有住宅建筑节能改造路径浅析——以石家庄市为例．城市，2009，(11)：76-78.

[159] 史普博 D F. 管制与市场．余晖等译．上海：上海三联书店，上海人民出版社，1999.

[160] 金泽良雄．经济法概论．满达人译．北京：中国法制出版社，2005.

[161] 樊纲．市场机制与经济效率．上海：上海三联书店，1995.

[162] 陈富良．论政府规制的理论依据．江西财经大学学报，1999，(2)：18-21.

[163] 孙鹏程，刘应宗，梁俊强，等．建筑节能领域的政府失灵及其对策．建筑科学，2007，(12)：1-6.

[164] Stiglitz J E. On the Economic Role of the State London. Commerce Place350 Mainstreet：Blackwell Ltd，1989.

[165] 徐刚，王要武，姚兵．北方城市民用建筑系统节能改造协调机制研究．土木工程学报，2007，(12)：95-98.

[166] 郝斌，林泽．建筑节能领域应用清洁发展机制研究．暖通空调，2009，39 (11)：17-20.